U0250319

高等学校遥感信息工程实践与创新系列教材

摄影测量学综合实习教程

主　编　刘亚文　段延松
副主编　王　玥　柯　涛

WUHAN UNIVERSITY PRESS
武汉大学出版社

图书在版编目(CIP)数据

摄影测量学综合实习教程/刘亚文,段延松主编.—武汉：武汉大学出版社,2018.9

高等学校遥感信息工程实践与创新系列教材

ISBN 978-7-307-20427-0

Ⅰ.摄… Ⅱ.①刘… ②段… Ⅲ.摄影测量学—高等学校—教材 Ⅳ.P23

中国版本图书馆 CIP 数据核字(2018)第 167168 号

责任编辑:杨晓露　　责任校对:李孟潇　　版式设计:汪冰滢

出版发行：**武汉大学出版社**　(430072　武昌　珞珈山)

(电子邮件：cbs22@ whu. edu. cn　网址：www. wdp. com. cn)

印刷:湖北民政印刷厂

开本:787×1092　1/16　印张:8　字数:190 千字　插页:1

版次:2018 年 9 月第 1 版　2018 年 9 月第 1 次印刷

ISBN 978-7-307-20427-0　定价:24.00 元

序

实践教学是理论与专业技能学习的重要环节，是开展理论和技术创新的源泉。实践与创新教学是践行“创造、创新、创业”教育的新理念，是实现“厚基础、宽口径、高素质、创新型”复合型人才培养目标的关键。武汉大学遥感信息工程类(遥感、摄影测量、地理国情监测与地理信息工程)专业人才培养一贯重视实践与创新教学环节，“以培养学生的创新意识为主，以提高学生的动手能力为本”，构建了反映现代遥感学科特点的“分阶段、多层次、广关联、全方位”的实践与创新教学课程体系，夯实学生的实践技能。

从“卓越工程师计划”到“国家级实验教学示范中心”建设，武汉大学遥感信息工程学院十分重视学生的实验教学和创新训练环节，形成了一套针对遥感信息工程类不同专业和专业方向的实践和创新教学体系，形成了具有武大特色以及遥感学科特点的实践与创新教学体系、教学方法和实验室管理模式，对国内高等院校遥感信息工程类专业的实验教学起到了引领和示范作用。

在系统梳理武汉大学遥感信息工程类专业多年实践与创新教学体系和方法的基础上，整合相关学科课间实习、集中实习和大学生创新实践训练资源，出版遥感信息工程实践与创新系列教材，服务于武汉大学遥感信息工程类在校本科生、研究生实践教学和创新训练，并可为其他高校相关专业学生的实践与创新教学以及遥感行业相关单位和机构的人才技能实训提供实践教材资料。

攀登科学的高峰需要我们沉下去动手实践，科学研究需要像“工匠”般细致入微地进行实验，希望由我们组织的一批具有丰富实践与创新教学经验的教师编写的实践与创新教材，能够在培养遥感信息工程领域拔尖创新人才和专门人才方面发挥积极作用。

2017 年 1 月

前　言

摄影测量学是遥感科学与技术专业的主干课程之一，该课程体系主要由理论教学和综合实习两大部分组成。由于摄影测量学课程对实践要求很强，综合实习在课程体系中举足轻重，不可或缺，本书即为摄影测量学综合实习用书。

随着信息时代的到来，伴随着传感器、通信与计算机技术的发展，摄影测量技术取得了巨大的进步。各种新型传感器的发展，如三线阵CCD相机、倾斜摄影相机、全景相机、直接获取地物信息的激光扫描仪(LiDAR)、位置与姿态传感器(POS)等的发展，不仅提高了摄影测量的效率，也推动了摄影测量向更广阔的范围发展。大量开放的公众地理信息数据加快了摄影测量数据处理、生产与更新的流程。计算机科学与人工智能促使摄影测量的发展不仅要提高自动化程度，还要往智能化方向发展。这些变革对摄影测量学科的内涵、数据处理方法以及航测成图生产方式都产生了较大的影响，与之相适应的课程、实验的内容和教材也应及时更新，保持学科发展的现势性。

摄影测量学是一门信息科学，但它的发展与应用又具有一定的行业特点，本书在吸收摄影测量近期发展的基础上，充分结合行业应用的最新成果，同时兼顾与相关测绘学科的关联性，设计合理、可行的实习实践内容。主要特色有：(1)设计无人机航飞数据采集实习。以往的摄影测量实习大多从数据处理开始，本书增加了航飞数据采集实习，从而保证了摄影测量实习过程的完整性，与现行测绘行业生产模式相一致。(2)设计无人机影像空三、三线阵卫星空三实习模块，该部分内容与我国构建新型空间信息数据获取与处理网络战略模式相对应，目前无人机、卫星影像测图已成为航空影像测图、地面测图获取地理空间信息的有效补充方式，广泛应用于行业生产中。

本书主要由刘亚文、段延松完成，王玥和柯涛对全书进行审稿和修正。感谢武汉大学遥感信息工程学院的老师和研究生以及武汉兆格信息技术有限公司对本书的撰写提供的支持与帮助。王树根教授审阅了本书的第1章绪论，2016级硕士研究生马振对本书的第2章无人机影像数据采集部分进行了审阅和补充，武汉大学遥感信息工程学院张祖勋院士团队为本书提供了航空影像定向和测图的实习软件DPGridEdu及相应数据，武汉兆格信息技术有限公司提供了摄影测量云平台VirtuoZoNet作为本书卫星影像定向和测图的实习软件。在本书实习操作的写作过程中，得到了武汉兆格信息技术有限公司的艾慧丽、罗盼、张明丁及金玲的大力支持。

本书是在综合国内外相关教材和文献的基础上，经过思考整理写成的。书中的一些插图和引用材料，可能由于对于其原始出处不明确，导致缺少引用标注，在此一一表示感谢。由于作者水平有限，书中不妥之处，敬请读者批评指正。

作者

2018 年 5 月

目　　录

第1章 绪 论

摄影测量有着较悠久的历史，19 世纪中叶，摄影技术一经问世，便应用于测量。它从模拟摄影测量开始，经过解析摄影测量阶段，现在已经进入数字摄影测量阶段。当代的数字摄影测量是传统摄影测量与计算机视觉相结合的产物，它研究的重点是从数字影像自动提取所摄对象的空间信息。基于数字摄影测量理论建立的数字摄影测量工作站和数字摄影测量系统正在取代传统摄影测量所使用的模拟测图仪与解析测图仪[1]。

近年来，与摄影测量有关的传感器有了快速的发展，除了能直接获取数字影像外，还可以直接获得影像的外方位元素，甚至直接获取数字高程模型和数字表面模型等。当今用于摄影测量的相机多种多样，不仅有大面阵、面阵拼接、线阵拼接(三线阵相机)、扫描摄影测量(以色列的 A3 相机)等常规相机，还有倾斜摄影相机及全景相机。倾斜相机的一个摄站是由垂直影像和不同倾角的倾斜影像构成，倾斜影像可以获取目标的侧面信息，为从影像进行目标的三维重建提供了丰富的纹理信息。由多台相机构成的全景相机获取的影像拼接后构成全景影像，具有广阔的应用前景。激光扫描(LiDAR)则可以直接获取地物信息，具有可见光摄影测量无法比拟的优势。位置与姿态传感器(POS，由 GPS 和 IMU 组成)可用于确定摄影传感器的位置和姿态，是新型传感器的重要组成部分。用于摄影测量的各种传感器互为补充，不仅提高了摄影测量的效率，也提供了摄影测量向更广阔的范围发展的契机[2-3]。

传感器平台向着空地一体化方向发展，随着无人机系统(UAS)的应用，低空无人机摄影测量得到了快速发展。无人机作为航空摄影和对地观测的遥感平台，克服了有人航空遥感受制于长航时、大机动、恶劣气象条件、危险环境等的影响，弥补了卫星因天气和时间无法获取感兴趣区遥感信息的空缺，能提供多角度、高分辨率的影像。低空无人机摄影测量系统以其机动灵活、设备和维护成本低、可获得厘米级分辨率影像数据等特点，填补了空天摄影测量对局部地区高精度数据获取能力不足的空白，正逐步成为卫星、有人机遥感和地面遥感的有效补充手段[4]。

在当今信息时代的促进下，数字摄影测量数据处理方式正向着信息化、智能化、网络化方向发展。新一代的数字摄影测量系统实现了基于网络与集群计算机的并行处理，建立了人机协同的网络全无缝测图系统，极大地提高了数字摄影测量作业效率。随着 5G 网络、云存储、云计算以及 AI 技术的进步，摄影测量在线服务模式发展起来，能够实现遥感数据云端的数据处理和分析，随时随地在线服务。同时，多源传感器相互补充，摄影测量和计算机视觉技术进一步结合，为数字摄影测量的理论和实践的发展提供了崭新的契机[2]。

1.1　摄影测量综合实习的目的与意义

摄影测量综合实习是配合“摄影测量学”“解析摄影测量学”和“数字摄影测量学”等课程教学而设置的一门具有一定独立性的实践性教学课程，目的是使学生能够在实践中进一步理解所学摄影测量及相关专业理论知识，并系统全面地应用已学摄影测量知识，锻炼专业实践技能。该综合实习的组织结合现行测绘生产单位实际作业流程，将课堂理论与实践相结合，有利于学生进一步深入掌握和理解摄影测量学的基本概念和原理，加强摄影测量学的基本技能训练，培养学生分析问题和解决问题的实际动手能力。

本综合实习包含数据获取和数据处理两大部分：

(1)通过实际使用无人机航飞获取影像数据，了解航线设计、控制点布设、航空飞行及影像数据质量检查等过程；

(2)通过实际使用数字摄影测量系统，了解数字摄影测量的内定向、相对定向、绝对定向、空中三角测量、DEM、DOM、测图生产过程及方法，为以后从事有关摄影测量方面的工作打下坚实的基础。

1.2　摄影测量数据生产流程[5]

航空摄影测量的整个流程主要有航空摄影、像片控制测量、空中三角测量、内业测图、外业调绘与补测、数据入库及质量检查与成果提交等。如图1-1所示。

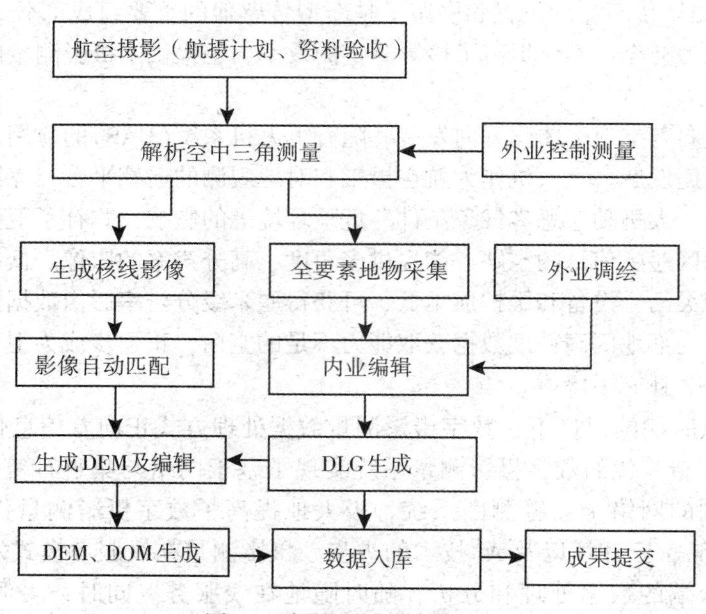

图1-1　摄影测量生产流程图

航空摄影：航空摄影进行前，需要利用与航摄仪配套的飞行管理软件进行飞行计划的制定。根据飞行地区的经纬度、飞行需要的重叠度、飞行速度等，设计最佳飞行方案，绘制航线图。航空摄影完成后，应对测区的航空影像进行检查，检查项目一般包括飞行质量和摄影质量是否符合规范规定的要求。飞行质量主要包括像片重叠度、像片倾斜角和像片旋角、航线弯曲度和航高、图像覆盖范围和分区覆盖以及控制航线等内容。摄影质量包括影像是否清晰、反差是否适中、有无云遮挡等。

像片控制测量：根据测区提供的基础控制点资料即高等级的国家三角点和水准点，布设和实测像片控制点，作为内业空中三角测量的起算数据。平面控制点一般布设在测区的四角和周边，高程控制点根据精度要求按照基线数敷设高程导线。

空中三角测量：通过航测内业方法构建空中三角网并按严密的数学模型进行区域整体平差，解求出区域加密点的地面坐标和影像外方位元素。

内业测图：主要是数字高程模型 DEM、数字正射影像 DOM 生成及内业全要素地物采集生成数字线划图 DLG 等产品。

外业调绘与补测：内业立体测图过程中，受比例尺等因素的影响，有些地物的性质很难确定，或地物被遮挡，其位置无法确定，需要到野外进行调绘和补测。

数据入库：摄影测量生产的 4D(数字高程模型 DEM、数字正射影像 DOM、数字栅格图 DRG、数字线划图 DLG)产品是重要的基础空间数据，将其按照一定的规律进行分类和编码，存储到地理信息系统的数据库中，实现对其高效的管理，以满足各种应用需要。

质量检查与成果提交：数字测绘生产的全过程及每一个工序均应进行质量检查，成果质量合格后方可提交。

1.3 数字摄影测量系统[3][6-7]

数字摄影测量系统(Digital Photogrammetry System，简称 DPS)、数字摄影测量工作站(Digital Photogrammetry Workstation，简称 DPW)、软拷贝(Softcopy)摄影测量工作站均是摄影测量软件平台的称谓。

数字摄影测量系统的硬件主要由计算机及其外部设备组成。其中计算机可以是个人计算机(PC)、集群计算机(多台个人计算机联网)、小型机或者工作站。外部设备分为立体观测装置、操作控制设备及输入输出设备：

(1)立体观测装置：红绿眼镜、立体反光镜、闪闭式液晶眼镜、偏振光眼镜等。

(2)操作控制设备：手轮、脚盘、三维鼠标等。

(3)输入输出设备：影像数字化仪(扫描仪)、矢量绘图仪、栅格绘图仪及批量出版用的印刷设备等。

数字摄影测量工作站的软件由数字影像处理软件、模式识别软件、解析摄影测量软件及辅助功能软件组成：

(1)数字影像处理软件主要包括影像旋转、影像滤波、影像增强、特征提取等。

(2)模式识别软件主要包括特征识别与定位(包括框标的识别与定位)、影像匹配(同名点、线与面的识别)、目标识别等。

(3)解析摄影测量软件主要包括定向参数计算、空中三角测量解算、核线关系解算、坐标计算与变换、数值内插、数字微分纠正、投影变换等。

(4)辅助功能软件主要包括数据输入输出、数据格式转换、注记、质量报告、图廓整饰、人机交互等。

具有代表性的国外数字摄影测量软件系统有 ImageStation SSK、InPho、LPS，国内的有 VirtuoZo、JX4 和 DPGrid 等。

1. ImageStation SSK 摄影测量系统(Intergraph 公司)

ImageStation SSK(Stereo Soft Kit)是美国 Intergraph 公司推出的数字摄影测量系统，它把解析测图仪、正射投影仪、遥感图像处理系统集成为一体，与地理信息系统（GIS)以及数字地形模型（DTM)在工程 CAD 中的应用紧密结合在一起，形成强大的具备航测内业所有工序处理能力的以 Windows 操作系统为基础的数字摄影测量系统。Intergraph 是目前世界上最大的摄影测量及制图软件的提供商之一，提供完整的摄影测量解决方案，其 ImageStation 系列软件已推出二十年以上，具有深厚的理论基础。ImageStation SSK 不仅能处理传统的航摄数据和数字航摄相机的数据，还具备强大的卫星数据处理能力，包括 IKONOS、SPOT、IRS、QUICKBIRD、LANDSAT 等商业卫星。同时，它亦具备近景摄影测量功能，是涵盖摄影测量全领域的完全解决方案。

ImageStation SSK 包含项目管理模块 ImageStation Photogrammetric Manager（ISPM)、数字量测模块 ImageStation Digital Mensuration（ISDM)、立体显示模块 ImageStation Stereo Display（ISSD)、数据采集模块 ImageStation Feature Collection（ISFC)、DTM 采集模块 ImageStation DTM Collection（ISDC)、正射纠正模块 ImageStation Base Rectifier（ISBR)、遥感图像处理模块(ISRASC)、空中三角测量模块 ImageStation Automatic Triangulation (ISAT)、自动 DTM 提取模块 ImageStation Automatic Evaluation（ISAE)、正射影像处理模块 ImageStation Ortho Pro（ISOP)。

2. InPho 摄影测量系统(Trimble 公司)

InPho 摄影测量系统由世界著名的测绘学家 Fritz Ackermann 教授于 20 世纪 80 年代在德国斯图加特创立，并于 2007 年加盟 Trimble 导航有限公司。历经 30 年的生产实践、创新发展，InPho 已成为世界领先的数字摄影测量及数字地表/地形建模的系统供应商。InPho 支持各种扫描框幅式相机、数字 CCD 相机、自定义相机、推扫式相机以及卫星传感器获取的影像数据的处理。其主要功能已覆盖摄影测量生产的各个流程，如定向处理(空中三角测量)、DEM、DOM 等的 4D 产品生产以及地理信息建库处理，等等。InPho 以其模块化的产品体系使得它极为方便地整合到其他工作流程中，为全球各种用户提供便捷、高效、精确的软件解决方案及一流的技术支持，其代理经销商和合作伙伴遍布全球。

InPho 系列产品包括系统核心 Applications Master，定向模块 MATCH-AT、inBLOCK，地形地物提取模块 Summit Evolution、MATCH-TDSM，影像正射纠正及镶嵌模块 OrthoMaster、OrthoVista，以及地理建模模块 DTMaster、SCOP++。各模块既可以相互结合进行实践应用，又可以独立实现各自功能，并能够非常容易地整合到任何一个第三方工作流程中。

3. LPS 摄影测量系统(Leica 公司)

LPS（Leica Photogrammetric Suite）是美国 Leica 公司研发的数字摄影测量系统，具有简单易用的用户界面，强大而完备的数据处理功能，深受全球摄影测量和遥感用户的喜爱。LPS 为广泛的地理影像应用提供了高精度、高效能的数据生产工具，是面向海量数据生产的优秀解决方案。LPS 对航天航空数字摄影测量传感器(如 SPOT5、QuickBird、DMC、Leica RC30、ADS、A3 系列等)的全面支持、影像自动匹配、空中三角测量、地面模型的自动提取、亚像素级点定位等功能，在帮助我们提高数据精度的同时，也大大地提高了数据生产的效率。LPS 采用模块化的软件设计，支持丰富多样的扩展模块，为用户提供了多种方便实用的功能选择，可根据用户需求灵活配置，具有功能强大、使用方便的优点。

LPS 也可以满足数字摄影测量人员的全部要求，从原始图像分析到视线分析。这些任务可以使用多种图像格式、地面控制点、定向和 GPS 数据、矢量数据和处理过的图像完成。LPS 系列产品包括核心模块 LPS Core、LPS Stereo 立体观测模块、LPS ATE 数字地面模型自动提取模块、LPS eATE 并行分布式数字地面模型自动提取模块、LPS Terrain Editor（TE）数字地面模型编辑模块、LPS ORIMA 空三加密模块、LPS PRO600 数字测图模块、Stereo Analyst for ERDAS IMAGINE/ArcGIS 立体分析模块和 ImageEqualizer 影像匀光器模块。

4. VirtuoZo 摄影测量系统(Supresoft 适普公司)

VirtuoZo 数字摄影测量工作站是根据 ISPRS 名誉会员、中国科学院资深院士、武汉大学(原武汉测绘科技大学)教授王之卓于 1978 年提出的“Fully Digital Automatic Mapping System”方案进行研究，由武汉大学(原武汉测绘科技大学)教授张祖勋院士主持研究开发的成果，属世界同类产品的知名品牌之一。最初的 VirtuoZo SGI 工作站版本于 1994 年 9 月在澳大利亚黄金海岸(Gold Coast)推出，被认为是有许多创新特点的数字摄影测量工作站，1998 年由 Supresoft 推出其微机版本。VirtuoZo 系统基于 Windows 平台利用数字影像或数字化影像完成摄影测量作业，由计算机视觉(其核心是影像匹配与影像识别)代替人眼的立体量测与识别，不再需要传统的光机仪器。VirtuoZo 系统中，从原始资料、中间成果到最后产品等都是数字形式，克服了传统摄影测量只能生产单一线划图的缺点，可生产出多种数字产品，如数字高程模型、数字正射影像、数字线划图、景观图等，并提供各种工程设计所需的三维信息、各种信息系统数据库所需的空间信息。

VirtuoZo 系统包括基本数据管理模块 VBasic、全自动内定向模块 VInor、单模型相对定向与绝对定向模块 VModOri、全自动空中三角测量模块 VAAT、DEM 自动提取模块 VDEM、正射影像生产模块 VOrtho、立体数字测图模块 VDigitize、卫星影像定向模块 VRSImage 以及诸多人工交互编辑的工具如 DEMEdit、TinEdit、OrthoEdit、OrthoMap 等。

5. JX4 数字摄影测量工作站

JX4 是由中国测绘科学研究院刘先林院士主持研制开发的一套半自动化的微机数字摄影测量工作站。该工作站结合生产单位的作业经验，主要用于各种比例尺的数字高程模型(DEM)、数字正射影像图(DOM)及数字线划图(DLG)生产，是一套实用性强，人机交互功能好，有着很强产品质量控制的数字摄影测量工作站。

JX4系统包括3D输入、3D显示驱动模块、全自动内定向、相对定向及半自动绝对定向模块、影像匹配模块、核线纠正及重采样模块、TIN及DEM立体编辑模块、自动生成DEM及DEM拼接模块、自动生成等高线模块、自动生成DOM及DOM无缝镶嵌模块、整体批处理模块(内定向、相对定向、核线重采样、DEM及DOM等)、等高线与立体影像套合及编辑模块、向量测图模块、地图符号生成器模块、栅格地图修测模块、Microstation实时联机测图接口软件和数据转换模块、AutoCAD实时联机测图接口模块、ArcGIS实时联机测图接口模块，由TIN生成正射影像模块、空三加密数据导入模块、投影中心参数直接安置模块、三维立体景观图模块、影像处理ImageShop模块、数据转换和DEM裁切等多个实用小工具软件。

6. 数字摄影测量网格DPGrid

数字摄影测量网格DPGrid是由中国工程院院士张祖勋提出并指导研制的具有完全自主知识产权、国际首创的新一代航空航天数字摄影测量处理平台。该软件打破了传统的摄影测量流程，集生产、质量检查、管理为一体，合理地安排人、机的工作，充分应用当前先进的数字影像匹配、高性能并行计算、海量存储与网络通信等技术，实现了航空航天遥感数据的自动化快速处理和空间信息的快速获取。其性能远远高于当前的数字摄影测量工作站，能够满足三维空间信息快速采集与更新的需要。DPGrid的低空系统专门针对低空无人机航片的实际情况，能够处理飞行姿态与影像质量较差的无人机航片，实现了自动空三、自动DEM与正射影像自动生成，大大提高了影像数据处理自动化程度[7]。

DPGrid系统由两大部分组成：

(1)自动空三DPGrid. AT/光束法平差DPGrid. BA/正射影像DPGrid. OP模块，这一部分的主要功能包括数据预处理、影像匹配、自动空三、数字地面模型以及正射影像的生成等。

(2)基于网格的无缝测图系统DPGrid. SLM，其中服务器负责任务的调度、分配与监控，客户机实际上是由摄影测量生产作业员进行“人机交互”生产线划图的客户端。整个系统是一个分布式集成、相互协调、基于区域的网络无缝测图系统。

本教程配套的摄影测量实习软件是DPGrid和VirutoZoNet教育版。该软件在Windows 10和Windows 7系统下均可运行，要保证为64位系统，教育版软件只能处理200张以下的测区。软件安装完成后，运行需要许可或软件狗，许可存放在安装目录下Lic文件夹内，软件狗不需要进行驱动安装，插上即可使用。

1.4 实验安排

根据摄影测量学课程教学要求，结合当前航测单位实际生产作业情况，本教程安排了以下6个实习：

1. 无人机影像数据采集实习

熟悉无人机的组成及无人机操控软件DJI GO App和Pix4Dcapture，并能够利用Pix4Dcapture规划航线、设置参数，包括相机拍摄角度、重叠度、飞行速度等，完成测区影像数据采集任务。

2. 无人机、航空数字影像定向实习

理解光束法区域网空三内业加密的原理，能够利用所获取的无人机\航空影像、POS数据和少量地面控制点，解求满足摄影测量地形测图精度要求的加密点地面坐标及影像外方位元素。

3. 卫星影像定向实习

理解卫星影像的成像原理，重点掌握三线阵传感器成像原理及有理函数模型定向的含义，能够利用 RPC(Rational Polynomial Cofficients)参数有理函数模型完成三视卫星影像定向。

4. 数字高程模型生产实习

理解影像匹配原理、方法，DEM 内插方法及精度评定方法，掌握匹配后的基本编辑，能够在立体观察下根据视差曲线发现粗差，并对不可靠区域进行编辑，生成满足精度要求的 DEM。

5. 数字正射影像生产实习

理解数字正射影像制作原理、流程和精度评定方法，能够利用影像定向结果和 DEM 生产正射影像及实现正射影像的拼接，并利用 PS 修补正射影像，制作满足生产要求的 DOM。

6. 数字线划图生产实习

理解立体测图的原理和方法，能够在定向模型上立体切准、量测典型地貌(特征线、等高线、流水线等)和地物(包括建筑、道路、植被、地类等)，并能够对量测地物进行编辑和文字注记。

◎ 参考文献：

[1]张剑清，潘励，王树根．摄影测量学(第二版)[M]．武汉：武汉大学出版社，2017.
[2]张祖勋，吴媛．摄影测量的信息化与智能化[J]．测绘地理信息，2015，40(4)：1-5.
[3]王树根．摄影测量原理与应用[M]．武汉：武汉大学出版社，2009.
[4]李德仁，李明．无人机遥感系统的研究进展与应用前景[J]．武汉大学学报(信息科学版)，2014，39(5)：505-513.
[5]数字测绘生产作业流程[DB/OL]．[2012-12-28]．https：//wenku.baidu.com/view/0892eb12ff00bed5b9f31d54.html.
[6]段延松．数字摄影测量 4D 生产综合实习教程[M]．武汉：武汉大学出版社，2014.
[7]邓非，闫利．摄影测量实验教程[M]．武汉：武汉大学出版社，2012.

第 2 章　无人机影像数据采集

2.1　无人机遥感简介[1]

无人机(Unmanned Aerial Vehicle，UAV)是一种机上无人驾驶的航空器，按结构可分为固定翼、旋翼、无人直升机和垂直起降等机型。随着地理信息科学与相关产业的发展，各国对遥感数据的需求急剧增长，低成本的 UAV 作为航空摄影和对地观测的遥感平台得到快速发展。

无人机遥感(UAV remote sensing，UAVRS)则是利用先进的无人驾驶飞行器技术、遥感传感器技术、遥测遥控技术、通信技术、POS 定位定姿技术、GPS 差分定位技术和遥感应用技术，自动化、智能化、专业化快速获取国土、资源、环境、事件等空间遥感信息，并进行实时处理、建模和分析的先进新兴航空遥感技术解决方案。UAVRS 技术有其他遥感技术不可替代的优点，它既能克服有人航空遥感受制于长航时、大机动、恶劣气象条件、危险环境等的影响，又能弥补卫星因天气和时间无法获取感兴趣区遥感信息的空缺，提供多角度、高分辨率影像，还能避免地面遥感工作范围小、视野窄、工作量大等因素。因此，UAVRS 正逐步成为卫星遥感、有人机遥感和地面遥感的有效补充手段。

UAVRS 技术最先应用在军事遥感领域，如战场侦查、作战效果和战损评估、目标追踪与识别等。21 世纪以来，越来越多的 UAVRS 关键技术，从军事应用领域扩展到商、民用市场，如用于自然灾害、环境保护、恐怖主义、海岸监视、城市规划、资源勘查、气象观测、林业普查等众多活动中。

2.2　无人机组成与操控

无人机主要由飞行器和遥控器组成，飞行器具备自动返航以及通过视觉定位系统实现悬停、飞行的功能，可以拍摄视频和照片，遥控器可在一定范围内控制飞行器的动作。以大疆精灵 Phantom 3 Advanced 为例，它的飞行器主要构成部件如图 2-1 所示。

遥控器主要构成部件如图 2-2 所示。

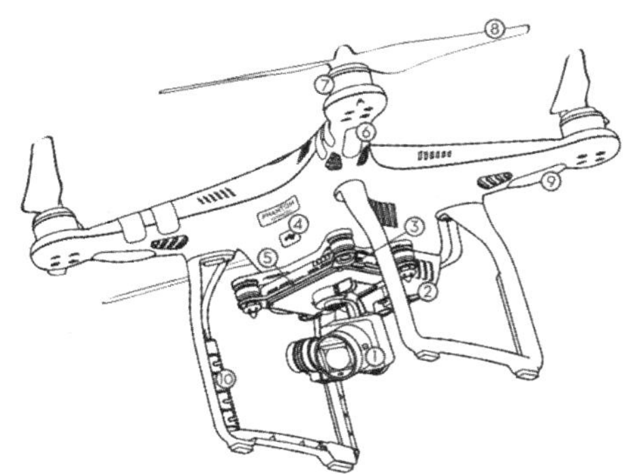

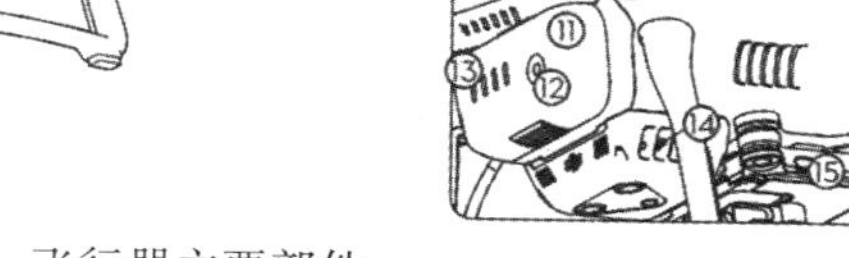

图 2-1 飞行器主要部件

①一体式相机云台
②视觉定位系统
③相机 Micro-SD 卡槽
④Micro USB 接口
⑤相机状态指示灯
⑥机头 LED 指示灯
⑦电机
⑧螺旋桨
⑨飞行器状态指示灯
⑩天线
⑪智能飞行电池
⑫电池开关
⑬电池电量指示灯
⑭对频按键
⑮相机数据接口

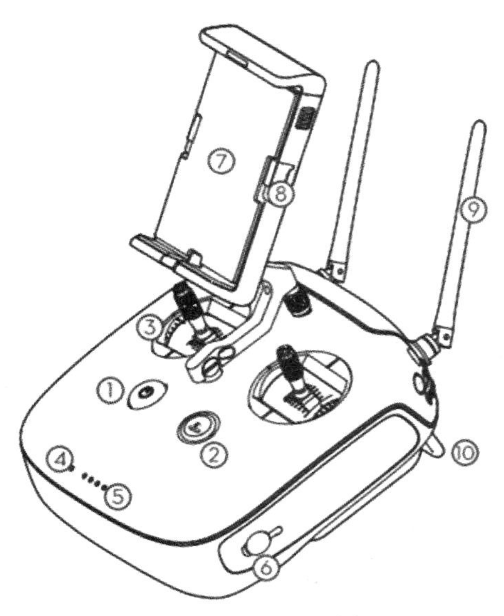

图 2-2 遥控器主要部件

①电源开关
②智能返航按键
③摇杆
④遥控器状态指示灯
⑤电池电量指示灯
⑥充电接口
⑦移动设备支架
⑧手机卡扣
⑨天线
⑩握手
⑪云台俯仰控制拨轮
⑫相机设置转盘
⑬录影按键
⑭飞行模式切换开关
⑮拍照按键
⑯回放按键
⑰自定义按键
⑱USB 接口
⑲Micro-USB 接口

2.3　无人机操控软件介绍

以大疆精灵 Phantom 为例，在安卓平台上使用到的无人机操控软件主要有 DJI GO App 和 Pix4Dcapture(需要装 Ctrl+DJI 用于驱动)两款，其中 DJI GO App 主要用来查看无人机状态及在非航线规划情况下飞行，Pix4Dcapture 用于进行需要航线规划的飞行任务。

2.3.1　无人机操控软件 DJI GO App[4-5]

开始数据采集之前，在手机或者平板电脑上下载和安装无人机操控软件 DJI GO App，通过 DJI GO 可以控制飞行器或云台，设置相机参数，采集传输影像和视频数据等。

(1)启动 DJI GO App，进入图 2-3 所示界面，选择飞行器相机。

图 2-3　DJI GO App 启动界面

(2)点击图 2-3 中的图标“飞行器相机”，进入相机界面，如图 2-4 所示。

(3)点击图 2-4 中的图标 3，进入飞行器状态列表界面，如图 2-5 所示。

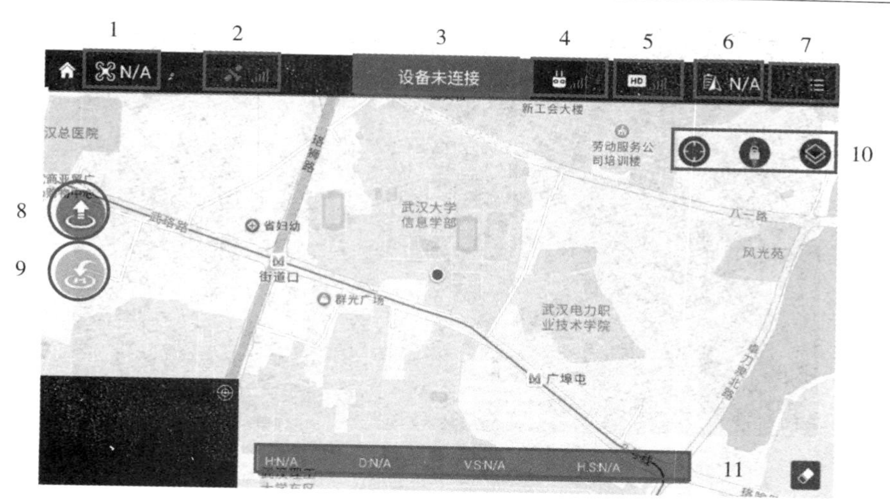

图 2-4　相机界面

1 飞控参数
2 GPS 信号
3 飞行器状态列表
4 遥控器信号
5 图传信号
6 电量显示
7 通用设置图标
8 起飞/降落按键
9 返航按键
10 地图中心点设为定位点、锁定方向(锁定后为上北下南)、图层切换(切换底图为矢量图或影像)
11 从左至右依次为高度、水平距离、水平速度、垂直速度

图 2-5　飞行器状态列表界面

可以实时查看飞行器各个模块的工作状态，包括模块自检、IMU、指南针、无线信道质量、飞行模式、遥控器模式、飞行器电量、遥控器电量、飞行器电池温度和 SD 卡剩余容量。如果飞行器有任何部件的工作状态未满足飞行条件，都会在模块自检这一栏右侧出现一个警告标志。值得注意的是当飞行器放在有强磁干扰的环境中，飞行器会因为指南针受到环境干扰，在状态列表中提示指南针异常；飞行环境存在较强的无线电干扰时，无线信道质量会显示为“差”。

(4)点击图 2-4 中的图标 1，进入飞控参数设置界面，如图 2-6 所示。

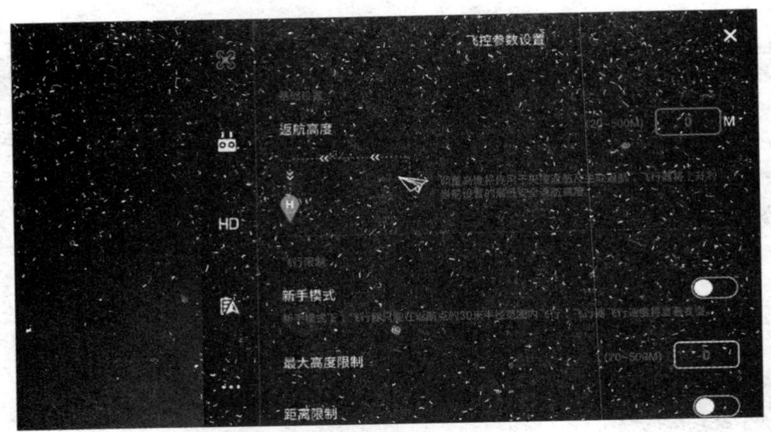

图 2-6　飞控参数设置界面

此处可设置包括返航高度、新手模式、最大高度限制、距离限制等。飞行器初始化并打开 DJI GO 后会自动刷新返航点为起飞点位置。返航高度设置要保证飞行过程中不能撞到建筑物。

(5) 点击图 2-4 中的图标 4，进入遥控器功能设置，如图 2-7 所示。

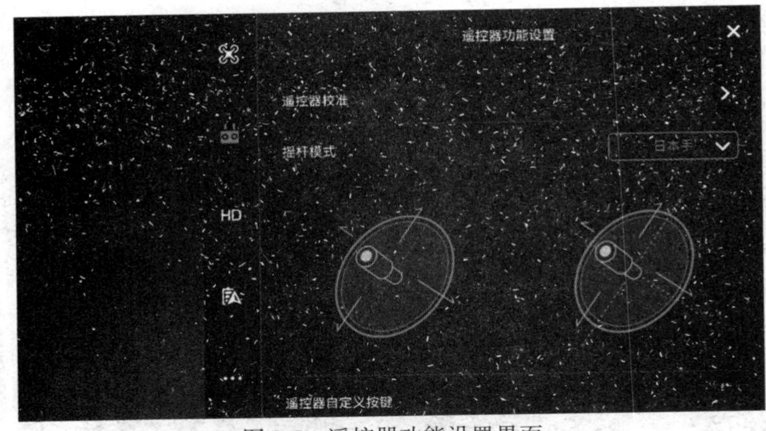

图 2-7　遥控器功能设置界面

包括遥控器校准、摇杆模式、遥控器自定义按键及遥控器对频，其中摇杆模式选择常用美国手。左摇杆控制飞行高度与方向，右摇杆控制飞行器的前进、后退及左右飞行方向。

(6) 点击图 2-4 中的图标 5，进入图传设置，选择图像传输的信道为干扰较少的信道，如图 2-8 所示。

(7) 点击图 2-4 中的图标 6，进入智能电池信息界面，如图 2-9 所示。

低电量报警通常设为 30%，严重低电量报警通常设为 10%。

(8) 点击图 2-4 中的图标 7，进入通用设置界面，如图 2-10 所示。

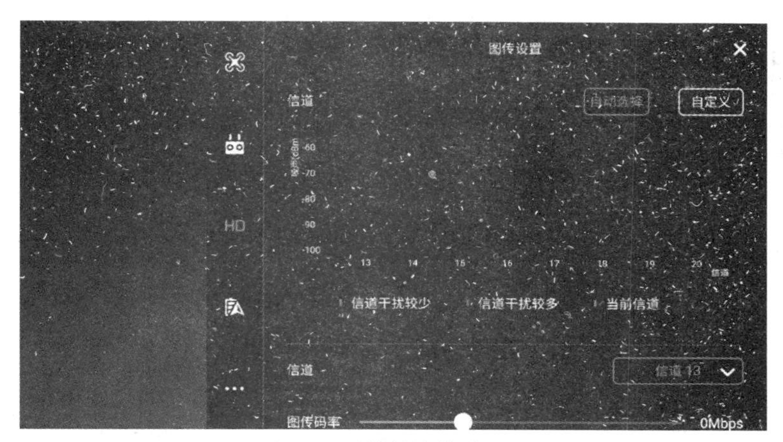

图 2-8 图像传输信道界面

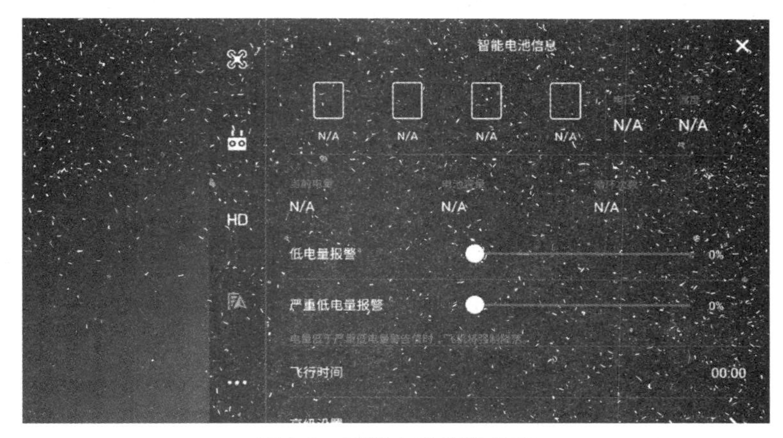

图 2-9 智能电池信息界面

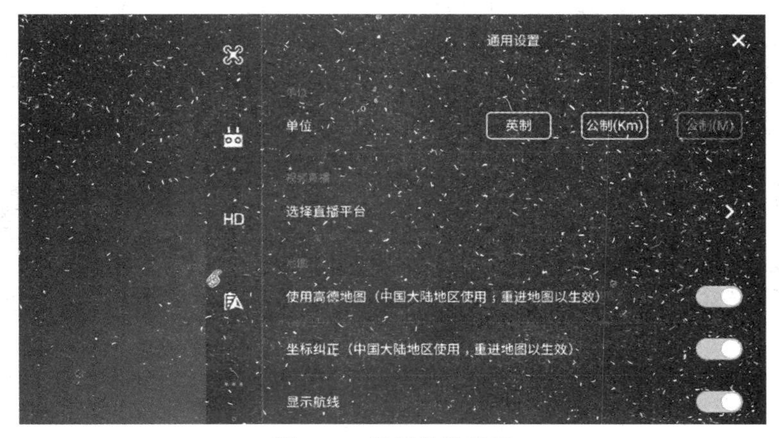

图 2-10 通用设置界面

包括单位、视频直播平台、使用地图等的设置。

2.3.2　Pix4Dcapture[6]

Pix4Dcapture 是瑞士 Pix4D 公司基于深圳大疆、法国 parrot 消费级飞行器研发的一款航测数据智能采集软件。

(1)下载 Pix4Dcapture App，安装并启动，进入界面如图 2-11 所示。

软件分为 4 个模块：Grid(正射影像采集)、Double Grid(三维模型采集)、Circular(热点环绕)、Free Flight(自由飞行)。

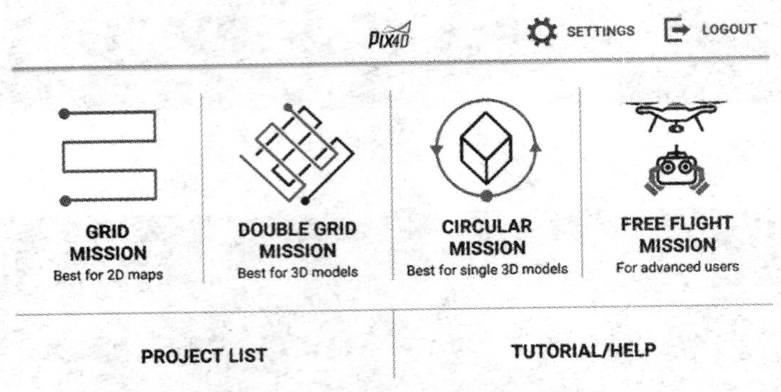

图 2-11　Pix4Dcapture App 启动界面

(2)进入 GRID MISSION 模式，控制飞行器自动采集具有一定重叠度的影像，如图 2-12 所示。

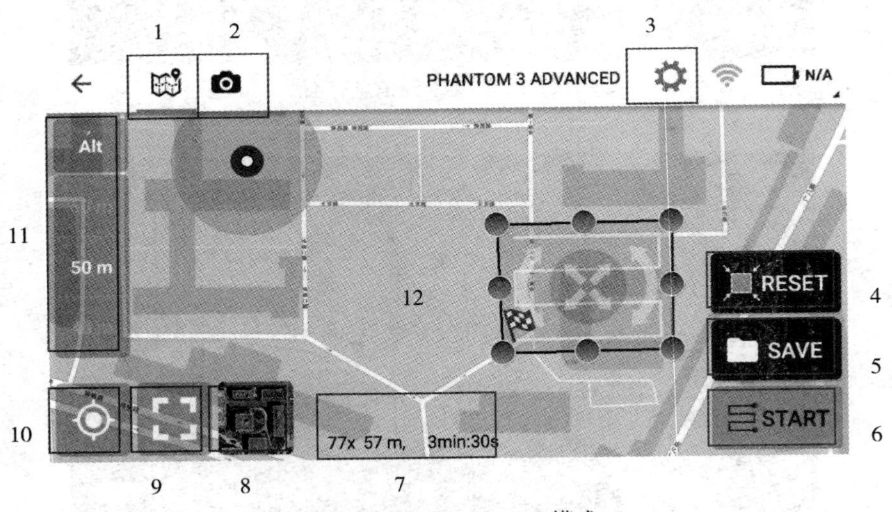

图 2-12　GRID MISSION 模式

1 地图视图
2 相机视图
3 飞行参数设置
4 恢复格网在屏幕中心
5 保存飞行工程
6 开始飞行任务
7 摄区面积及飞行时间
8 地图/影像模式
9 摄区范围居中
10 飞行器 GPS 位置居中
11 飞行高度设置
12 摄区规划网格

其中设置参数包括：相机拍摄角度、重叠度、飞行速度等。

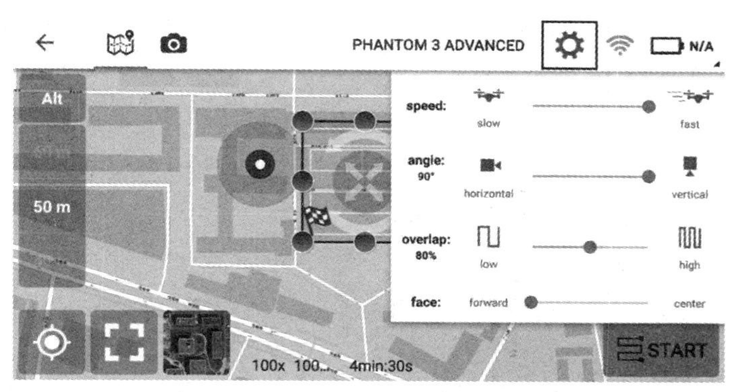

图 2-13　GRID MISSION 模式参数设置

(3)进入 DOUBLE GRID MISSION 模式，如图 2-14 所示。控制飞行器在一个架次内完成两个互相垂直的格网航线航拍任务，参数设置同 GRID MISSION 模式一致。

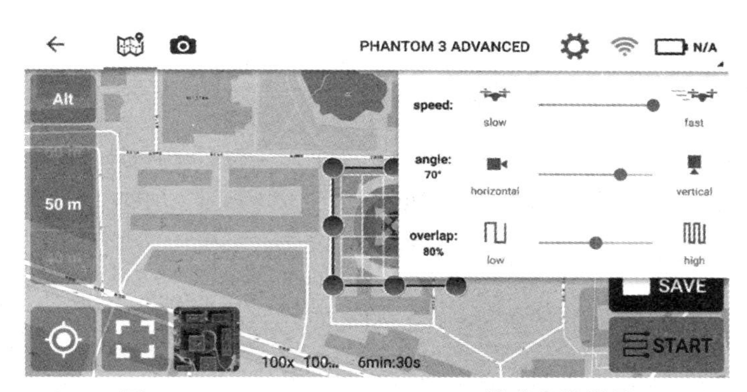

图 2-14　DOUBLE GRID MISSION 模式参数设置

(4)进入 CIRCULAR MISSION 模式，如图 2-15 所示。

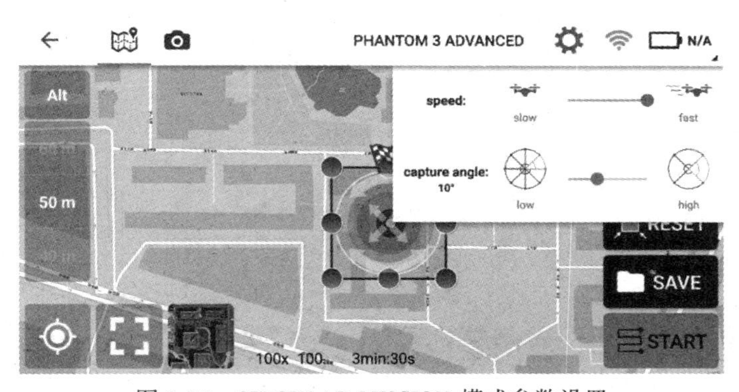

图 2-15　CIRCULAR MISSION 模式参数设置

控制飞行器绕中心点做环绕飞行，并按照角度间隔拍摄照片。参数设置包含飞行器速度、曝光角度。

(5)进入 FREE FLIGHT MISSION 模式，控制飞行器按照事先设定好的平移距离或高度变化自动拍照，如图 2-16 所示。

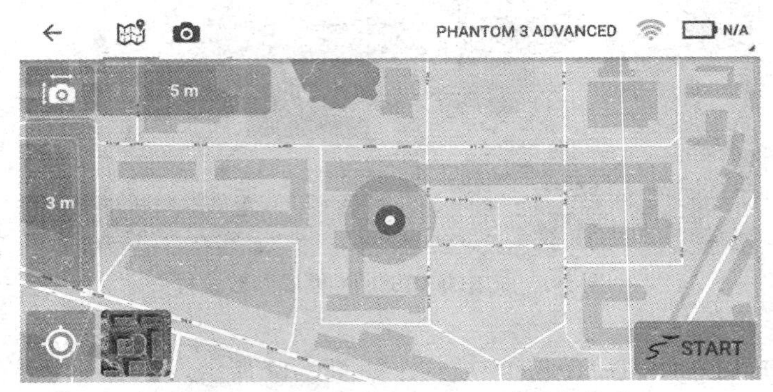

图 2-16　FREE FLIGHT MISSION 模式参数设置

参数设置包括水平和竖直平移间距。

2.3.3　Ctrl+DJI

Ctrl+DJI 是用于驱动 Pix4Dcapture App 的软件，在打开 Pix4Dcapture App 之前应先打开 Ctrl+DJI，通过 Ctrl+DJI 打开 Pix4Dcapture App，如图 2-17 所示。

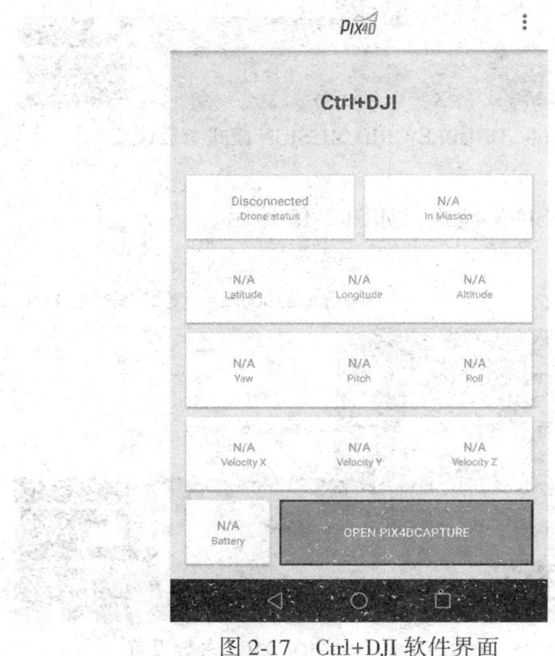

图 2-17　Ctrl+DJI 软件界面

2.4 无人机数据采集[2]

2.4.1 实习目的和要求

1. 熟悉无人机的组成和操控；

2. 熟悉无人机操控软件 DJI GO 和 Pix4Dcapture，并能够完成航线规划及数据采集任务。

2.4.2 实习内容

1. 利用 DJI GO 进行无人机起飞前状态检查，确保所有模块运行正常；

2. 利用 Pix4Dcapture 规划航线、设置参数，包括相机拍摄角度、重叠度、飞行速度等，完成测区影像数据采集。

2.4.3 实习指导

1. 启动飞机及检查状态(使用 DJI GO 软件)

(1) 将图 2-2 所示的遥控器飞行模式切换开关调到 P 挡位，P 为 GPS 定位模式，按电源开关开启遥控器。

(2) 按电源开关开启飞行器，等待云台自检，确认遥控器和飞行器连接正常，图 2-2 所示遥控器状态指示灯绿灯长亮。安装 4 只螺旋桨，将黑色桨帽的螺旋桨逆时针安装到黑色电机轴的电机上，将银色桨帽的螺旋桨顺时针安装到银色电机轴的电机上。

(3)手机或平板通过数据线连接到遥控器上，数据线接到图 2-2 中的 USB 接口。运行 DJI GO App 并选择相机界面，首次连接 DJI GO App 与 Phantom 3 Advanced App 时，需要在已连接的环境中根据 App 的提示激活。

(4)根据相机界面提示的飞行检查列表进行起飞前检查，确保所有模块运行正常。

(5)校检指南针。

(6)检查相机影像及其参数是否正常。正常情况下，启动 DJI GO App 并连接正常后，飞机将自动刷新返航点，应用程序将发出提示音“返航点已刷新”。

2. 规划航线并执行任务(使用 Ctrl+DJI 及 Pix4Dcapture 软件)

(1)启动 Ctrl+DJI App，确定飞机连接状态(此步骤前需结束 DJI GO App 进程并修改无人机启动软件为 Ctrl+DJI App)

(2)通过 Ctrl+DJI App 启动 Pix4Dcapture App，首次需要注册和登录。选择任务模式，此处以 GRID MISSION 为例，并设置模式参数，如图 2-13 所示，规划好航线后，按“START”键，开始连接飞行器，显示界面如图 2-18 所示。

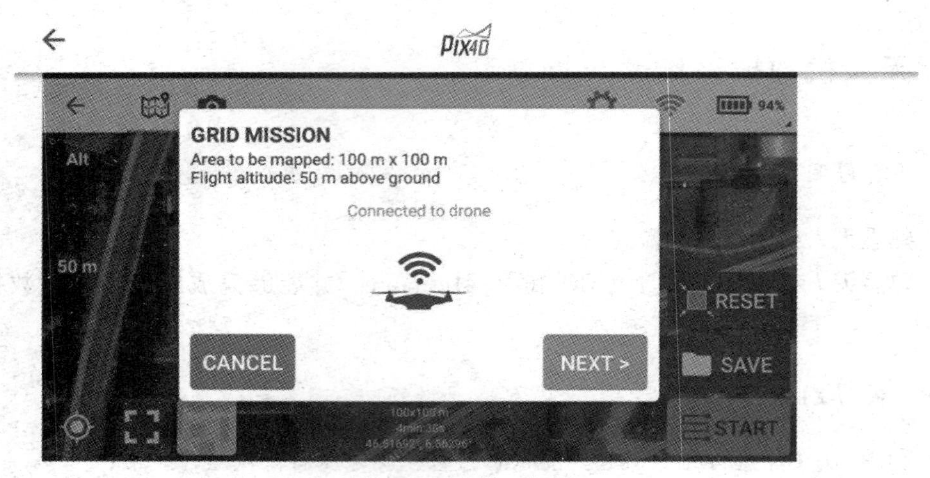

图 2-18　连接飞行器

如界面显示飞行器已连接成功，按“NEXT”按键。

(3)显示飞行器检查清单，如图 2-19 所示，按照提示按“PRESS AND HOLD(3s) TO TAKEOFF”按键，控制飞行器起飞，开始采集数据。

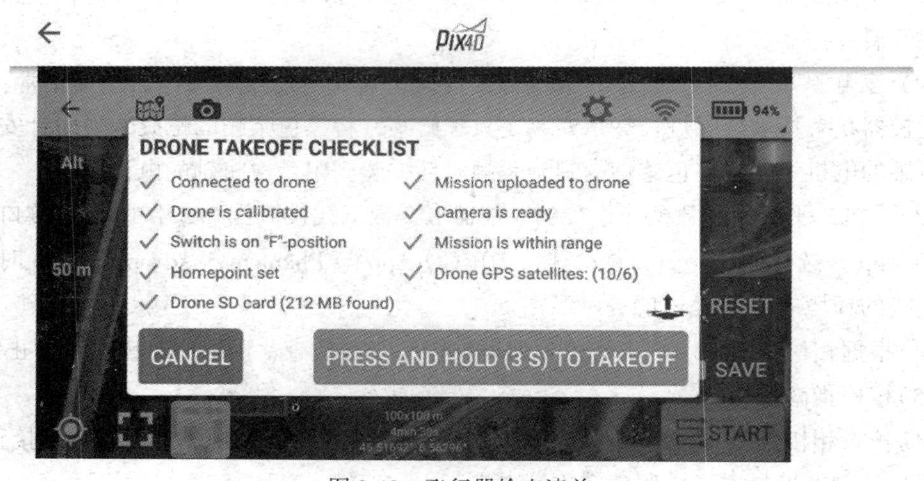

图 2-19　飞行器检查清单

(4)飞行结束，飞行器回落，开始采集数据的传输(正常情况下无线传输较慢，此时可结束传输，后面可从飞行器的 USB 接口，或者取出内存卡导出采集的数据)。

Pix4Dcapture App 在规划航线采集数据结束后会自动返航。在飞机飞行过程中遥控器摇杆依然可以对飞机进行操作，可以通过拨动图 2-2 中飞行模式切换开关至其他挡位来获得飞机的完全控制权。

非航线规划飞行过程中的飞行器操控

DJI GO App 相机界面中的起飞和降落按键（图 2-4 所示），点击“起飞”按键，飞行器自动起飞并在约 1.5 米处悬停，点击“降落”按键，飞行器将自动下降并降落地面。按“一键返航”键，飞行器自动返航。

手动起飞/降落，同时向内拨动图 2-2 所示的左右摇杆，电机启动后松开摇杆，缓慢向上推动左摇杆（油门杆），飞行器起飞。缓慢向下拉动左摇杆（油门杆），飞行器降低飞行高度直至降落。长按遥控器的智能返航按键可使飞行器自动返航。

2.4.4　数据说明

采集的数据分为影像和视频，影像的格式为 JPEG/DNG，视频的格式为 MP4/MOV。影像数据分辨率为 4000×3000，色彩为 RGB，视频存储最大码流为 60Mbps。

无人机会在生成影像的过程中自动写入经纬度及高度信息，如图 2-20 所示，姿态信息则假定飞机飞行时水平，以飞行方向和拍摄角度给定一个粗略值。

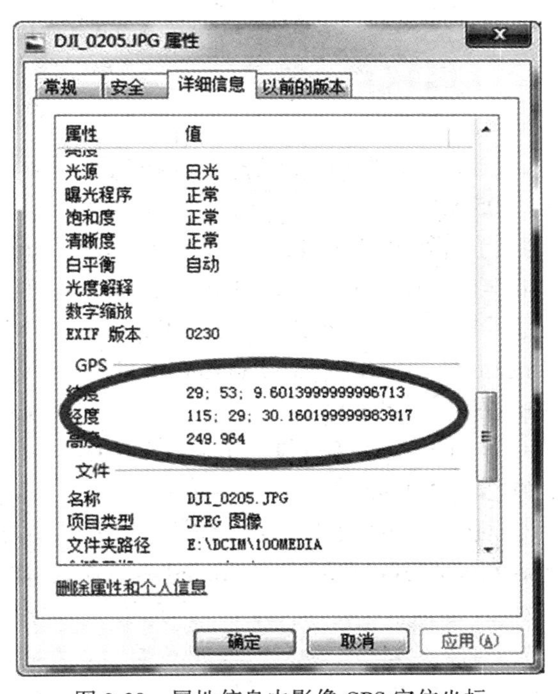

图 2-20　属性信息中影像 GPS 定位坐标

除此之外，采集影像的拍摄参数也会被记录下来，可以根据实际数据情况使用 MagicEXIF 元数据编辑器等软件进行批量修改，如图 2-21 所示。

项目	值	标签号	标签名	数据类型	组件数	字节
拍摄参数 (子IFD)						
曝光时间	1/240"	829A	ExposureTime	RATIONAL	1	8
光圈F值	F5	829D	FNumber	RATIONAL	1	8
曝光程序	自动 (程序曝光)	8822	ExposureProgram	SHORT	1	2
感光度	ISO-100	8827	PhotographicSensi...	SHORT	1	2
EXIF 版本	Ver. 2.3	9000	ExifVersion	UNDEFINED	4	4
拍摄时间	2017-12-19 10:16:21	9003	DateTimeOriginal	ASCII	20	20
数字化时间	2017-12-19 10:16:21	9004	DateTimeDigitized	ASCII	20	20
成分构成	CrCbY	9101	ComponentsConfi...	UNDEFINED	4	4
像素压缩率	3.206018	9102	CompressedBitsPe...	RATIONAL	1	8
快门速度	7.965 TV (1/250")	9201	ShutterSpeedValue	SRATIONAL	1	8
光圈	4.64 AV (F5)	9202	ApertureValue	RATIONAL	1	8
曝光补偿	0 EV	9204	ExposureBiasValue	SRATIONAL	1	8
最大光圈	2.97 AV (F2.8)	9205	MaxApertureValue	RATIONAL	1	8
主体距离	未知	9206	SubjectDistance	RATIONAL	1	8
测光模式	中央重点测光	9207	MeteringMode	SHORT	1	2
光源	未知	9208	LightSource	SHORT	1	2
闪光灯	无闪光功能	9209	Flash	SHORT	1	2
镜头焦距	8.8 mm	920A	FocalLength	RATIONAL	1	8
厂商注释	21 00 01 00 02 00 04 00 00...	927C	MakerNote	UNDEFINED	1024	1024
Flashpix 版本	Ver. 0.1	A000	FlashpixVersion	UNDEFINED	4	4
色彩空间	sRGB	A001	ColorSpace	SHORT	1	2
有效图像宽度	4864	A002	PixelXDimension	LONG	1	4
有效图像高度	3648	A003	PixelYDimension	LONG	1	4
IOP 目录偏移量	偏移: 656	A005	InteroperabilityIFD...	LONG	1	4
曝光指数	0	A215	ExposureIndex	RATIONAL	1	8
文件来源	数码照相机 (DSC)	A300	FileSource	UNDEFINED	1	1
场景类型	直接拍摄	A301	SceneType	UNDEFINED	1	1
自定义处理	未启用	A401	CustomRendered	SHORT	1	2
曝光模式	自动曝光	A402	ExposureMode	SHORT	1	2
白平衡	自动白平衡	A403	WhiteBalance	SHORT	1	2
数码变焦比例	未启用	A404	DigitalZoomRatio	RATIONAL	1	8
35mm等效焦距	24 mm	A405	FocalLengthIn35m...	SHORT	1	2

图 2-21　影像的拍摄参数

◎ 参考文献：

[1]李德仁，李明．无人机遥感系统的研究进展与应用前景[J]．武汉大学学报(信息科学版)，2014，39(5)：505-514.

[2]phantom 3 SE 快速入门指南[EB/OL]．[2017-04-17]．https：//www. dji. com/cn/phantom-3-se/info？ site＝brandsite&from＝landing_page#downloads.

[3]phantom 3 SE 用户手册[EB/OL]．[2017-06-23]．https：//www. dji. com/cn/phantom-3-se/info？ site＝brandsite&from＝landing_page#downloads.

[4]DJI GO 使用指南[EB/OL]．[2016-12-24]．http：//bbs. dji. com/thread-98739-1-1. html.

[5]DJI GO 功能解析——全面了解大疆精灵 4（下）[EB/OL]．[2016-05-04]．https：//bbs. dji. com/thread-59724-1-1. html.

[6]Pix4Dcapture 地面站 APP 测试报告[EB/OL]．[2017-03-28]．http：//baijiahao. baidu. com/s？ id＝1563085765911911&wfr＝spider&for＝pc7 pix4D Tutorial/help.

第3章　无人机、航空数字影像定向

3.1　无人机、航空数字影像定向原理[1]

3.1.1　摄影机内外方位元素

无人机、航空数字影像是目前测绘单位进行摄影测量测图的主要影像数据，从像点恢复对应物点的空间坐标，摄影测量是通过前方交会原理来实现的。如图3-1所示，S_1、S_2为左、右摄站，p_1、p_2为摄取的左、右影像，a_1、a_2为左、右影像上的同名点，直线S_1a_1与S_2a_2相交于一点，故可确定A点的空间坐标(X, Y, Z)。

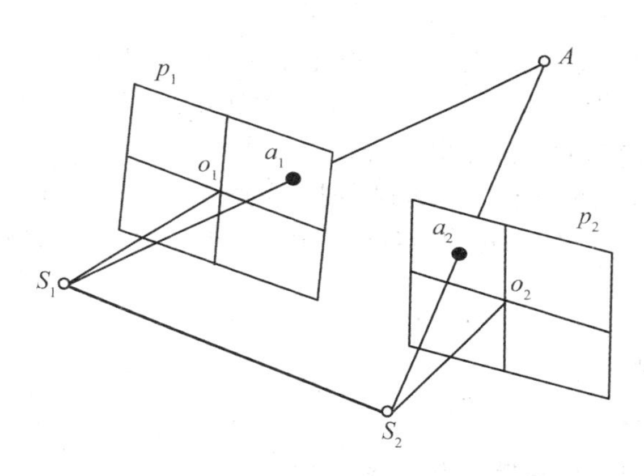

图3-1　摄影测量交会

利用投影光线交会实现由像点反求物方点，必须要恢复摄影时影像上每一条投影光线(如光线S_2a_2A)在空间的位置与方向，摄影机的内方位元素和外方位元素是描述投影光线的必要参数。

1. 摄影机的内方位元素

如图3-2所示，o为摄影中心S到像面的垂足，称为像主点，f为摄影中心S到像面的垂距，称摄影机主距，So称为摄影机的主光轴。像主点离影像中心点的位置x_0、y_0和f一起被称为摄影机的内方位元素。摄影机的内方位元素能恢复至和摄影光束完全相似的投影光束，即可以确定摄影光线(如$\overline{Sa}$)在摄影机内部的方位α、β。

内方位元素可以通过摄影机检校获得，测量专用的摄影机在出厂前由工厂对摄影机进行过检校，其内方位元素是已知的。

2. 摄影机的外方位元素

欲确定投影光线 $\overline{Sa}$ 在物方空间的位置，就必须确定(恢复)摄取影像时，摄影机的“位置”与“姿态”，即摄影时摄影机在物方空间坐标系中的位置 X_S、Y_S、Z_S 和摄影机的姿态角 φ、ω、κ，这六个参数就是摄影机的外方位元素，如图 3-3 所示。

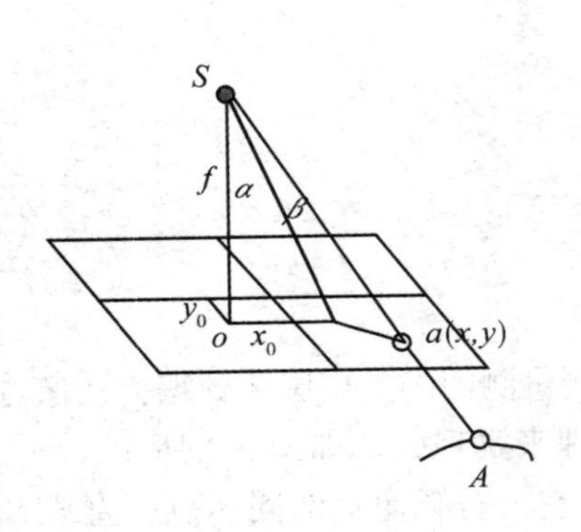

图 3-2　内方位元素

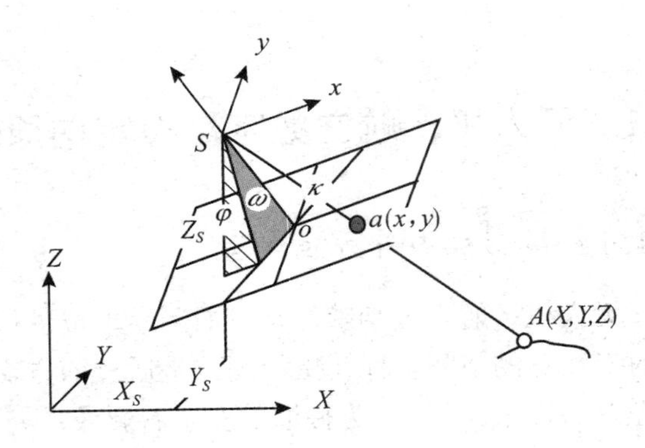

图 3-3　外方位元素

怎样恢复(获得)外方位元素呢？摄影测量常用的方法有：(1)空间后方交会；(2)独立模型的相对定向与绝对定向；(3)解析空中三角测量；(4)摄影过程中直接获取，如安装 POS 系统。显然，前两种方法需要为每张像片或每个模型在野外布设 4 个地面控制点，这样外业工作量太大，效率不高。能否仅测少量的外业控制点，在内业通过解析摄影测量的方法加密出每个模型所要求的控制点呢？空中三角测量就是为解决这个问题而提出的方法。

3.1.2　空中三角测量

1. 空中三角测量[2-4]

空中三角测量是用摄影测量解析法确定区域内所有影像的外方位元素及待定点的地面坐标。它利用少量控制点的像方和物方坐标，解求出未知点的坐标，使得区域网中每个模型的已知点都增加到 4 个以上，然后利用这些已知点解求所有影像的外方位元素。这个过程包含已知点由少到多的过程，所以空中三角测量又称为空三加密。

根据平差中采用的数学模型，空中三角测量可以分为航带法、独立模型法和光线束法。航带法是通过像对的相对定向和模型连接建立自由航带，通过非线性多项式消除航带变形，并使自由网纳入地面坐标系。独立模型是通过相对定向建立单元模型，利用空间相似变换使单元模型整体纳入地面坐标系。光束法直接以每幅影像的光线束为单元，同名光线在物方最佳交会为条件，使其纳入地面坐标系，从而加密出待求点的物方坐标和影像的方位元素。

根据平差的范围大小，空中三角测量可分为单模型法、单条航带法和区域网法。单模型法和单条航带法分别是以模型和单航带为单元进行加密点，区域网法则是对若干条航带组成的区域进行整体平差处理，能充分利用各种几何约束条件，减少对地面控制点数量的要求。区域网平差分为航带法区域网平差、独立模型法区域网平差和光束法区域网平差，其中光束法理论最为严密、解算精度最高，成为空中三角测量的主流方法。

光束法空中三角测量的基本思想是以每幅影像为单元，利用每张影像与所有相邻影像重叠区内(航向、旁向)的公共点、外业控制点列共线方程，建立全区域统一的误差方程，进行整体平差，求解每幅影像的6个外方位元素和加密点的地面坐标，如图3-4所示。

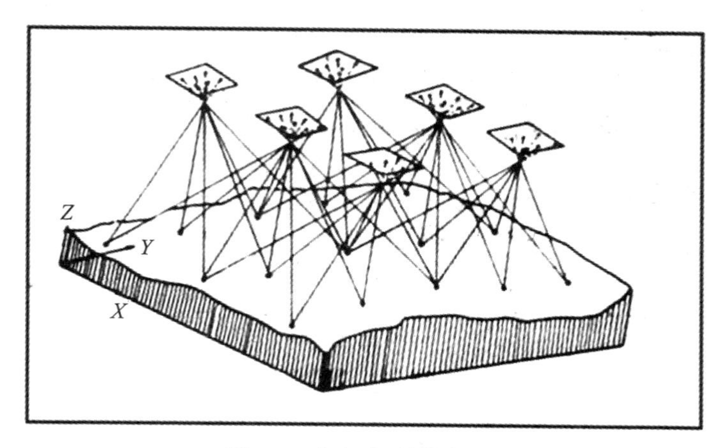

图3-4 光束法区域网空三

光束法平差很容易引入各种辅助数据(特别是由GPS获得的摄影中心坐标数据、IMU获得的摄影机姿态数据等)、各种约束条件进行严密平差。随着计算机存储空间迅速扩大、运算速度的提高，光束法平差已成为最广泛应用的区域网平差方法。

航带法区域网空中三角测量的基本内容有：

(1)像点坐标量测与系统误差改正；

(2)像对的相对定向；

(3)模型连接及航带网的构成；

(4)航带模型的绝对定向；

(5)航带模型的非线性改正。

光束法区域网空中三角测量的基本内容有：

(1)各影像外方位元素和地面点坐标近似值的确定。可以利用航带法区域网空中三角测量提供影像外方位元素和地面点坐标的近似值；

(2)从每幅影像上的控制点和待定点的像点坐标出发，按每条摄影光线的共线条件方程列出误差方程式；

(3)逐点法化建立改化法方程式，按循环分块的求解方法先求出其中的一类未知数，通常是每幅影像的外方位元素；

(4)空间前方交会求得待定点的地面坐标，对于相邻影像公共交会点应取其均值作为最后的结果。

2. 核线影像

有了核线影像，根据核线的几何定义可知，同名像点一定位于同名核线上，可以将二维影像相关转化成一维影像相关，能显著提高影像相关计算效率和可靠性。确定同名核线的方法主要分为两类：一是基于数字影像的几何纠正；二是基于共面条件。

基于数字影像的几何纠正的基本思路是，将倾斜影像的核线投影到平行于摄影基线的影像对，则核线相互平行。如图 3-5 所示，以左影像为例，作为倾斜影像 P 与平行基线的“水平”影像 P_0，l 为倾斜影像上的核线，l_0为核线 l 在“水平”影像上的投影。P 的坐标系为(x，y)；P_0的坐标系为(u，v)，其几何关系类比于像空间坐标系与物空间坐标系，通过类似的旋转矩阵可求得倾斜影像上的点与纠正水平影像上点的坐标关系式(3-1)。显然，在“水平”影像上，每一条水平线则为一条核线，在该核线上等间隔取点，利用坐标关系反算到原始影像上，将重采样后的灰度直接赋给“水平”影像上的对应像点，就能得到“水平”影像上的核线。由于在“水平”像对上，同名核线的 v 坐标相等，因此左右“水平”影像 v 值相等的对应行通过坐标反算和重采样后可以得到同名核线。

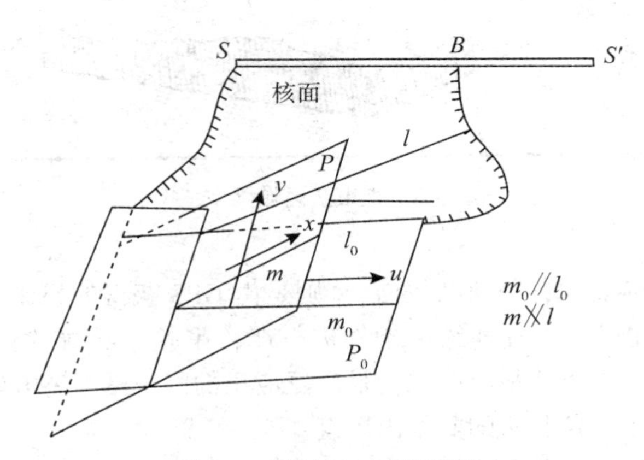

图 3-5　倾斜与“水平”影像

$$x = -f\frac{a_1u + b_1v - c_1f}{a_3u + b_3v - c_3f}$$
$$y = -f\frac{a_2u + b_2v - c_2f}{a_3u + b_3v - c_3f} \tag{3-1}$$

基于共面条件的同名核线获取是利用左右同名核线与摄影基线共面的特性，直接在倾斜影像上获取同名核线，原理如图 3-6 所示。

已知左影像上一个像点 $p(x_p，y_p)$以及基线方向，通过共面方程式(3-2)确定左影像上通过该点的核线 l 以及它在右影像上的同名核线 l'。

$$\begin{vmatrix} Bx & By & Bz \\ x_p & y_p & -f \\ x & y & -f \end{vmatrix} \tag{3-2}$$

根据公式(3-2)，可以在左影像上求得通过 p 点的核线上任意一个点的 y 坐标。对于右影

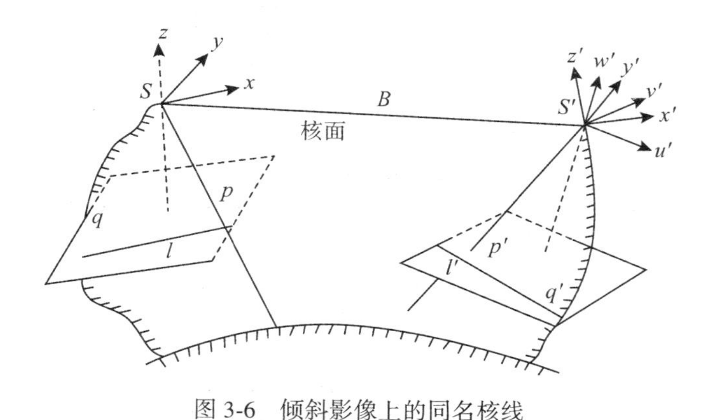

图 3-6 倾斜影像上的同名核线

像上同名核线上任一个像点 p'，可将整个坐标系统绕右摄站中心 S'旋转至($u'v'w'$)坐标系中，可以用类似的(3-2)公式求得右核线上的点。

以上两种方法均可以获得核线影像，基于数字影像的几何纠正方法是将倾斜影像做旋转后，使之与摄影基线平行，然后再在旋转后的影像上截取到核线影像。基于共面条件是直接确定核线以及对应的同名核线在各自的倾斜像片上解析关系，然后通过这种解析关系进行重采样。

3.1.3 DPGridEdu 空三程序模块

随着 POS 系统应用的普及，测区的航飞任务基本上是 POS 系统(或 GPS)和航摄仪集成在一起完成，同时获取影像和 POS 数据(或 GPS 数据)。本教程采用 DPGridEdu 软件中的空三处理模块，其空三算法是 POS(或 GPS)辅助的光束法区域网平差。近年来，低空无人机航飞渐渐成为测绘单位及相关领域获取影像数据的主要方式之一，由于无人机飞行时易受气流影响，发生航线漂移，导致影像旋转角及航线弯曲度大，影像航向、旁向重叠度不规则。相对传统航摄影像数据空三处理，无人机影像对连接点自动提取及影像匹配算法的要求更高。

DPGridEdu 空三程序能够处理无人机影像和传统的航空影像，它利用模式识别技术和多像影像匹配等方法在影像上自动选点与转点，同时获得像点坐标，提供给区域网平差程序解算，以确定加密点坐标和影像定向参数，具体流程如图 3-7 所示。(1)首先要构建测区，准备相机信息文件、地面控制点及 POS/GPS 等数据；(2)进行影像内定向，建立数字影像中的各像元行、列与其像平面坐标之间的对应关系；(3)自动选点和相对定向，用特征点提取算子从相邻两幅影像的重叠范围内选取均匀分布的明显特征点，通过匹配得到其在另一幅影像中的同名点，并进行相对定向解算；(4)多影像匹配自动转点，对每幅影像中所选取的明显特征点，在所有与其重叠的影像中，利用核线约束的匹配进行自动转点；(5)控制点半自动量测，人工对地面控制点影像进行识别并定位，通过多影像匹配自动转点得到其在相邻影像上的同名点；(6)以影像连接点坐标为原始观测值，进行带 POS 数据的区域网平差解算[5]。

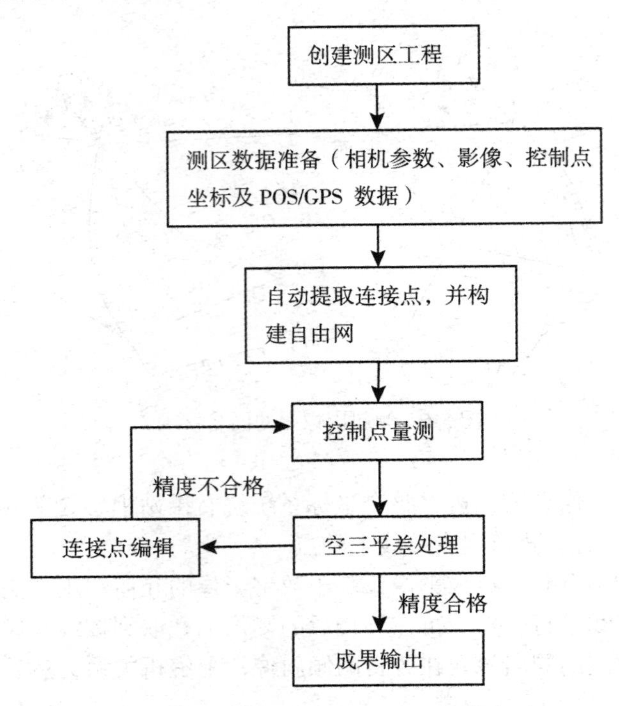

图 3-7　DPGridEdu 空三平差流程图

3.2　DPGridEdu 空中三角测量

3.2.1　实习目的与要求

1. 熟悉光束法区域网空三内业加密的原理及利用 DPGridEdu 软件进行空三的整个作业流程；

2. 利用所获取无人机/航摄像片、POS 数据和少量地面控制点，解求满足摄影测量地形测图精度要求的加密点地面坐标及影像外方位元素。

3.2.2　实习内容

1. 影像、控制点、POS 等加密资料准备；

2. 人工半自动加外业控制点；

3. 交互调用区域网平差软件，根据平差结果精调像点完成空中三角测量；解读平差报告，输出空三加密点以及像片外方位元素。

3.2.3　实习指导

1. 新建工程

打开 DPGridEdu 软件主界面下的“文件”菜单，显示图 3-8 所示界面。

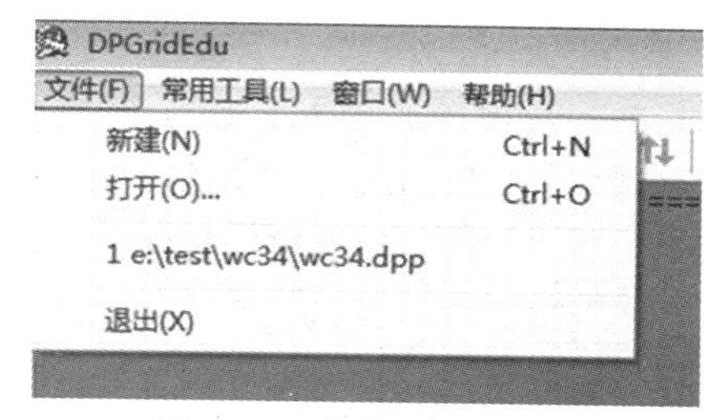

图 3-8 “文件”菜单界面

单击“文件”→“新建”，显示图 3-9 所示界面，指定测区存储路径，将原始影像及 GPS 数据所存储的文件夹拖曳至下方空白处即可完成工程创建，点击“OK”即可。

图 3-9 新建工程界面

Project：工程路径。

Pos Data：POS 数据存储路径。

Append/Remove：输入/移除影像数据。

Camera Par：相机参数。

相机参数栏中从上到下依次为相机名称、影像宽高、像素大小、焦距、像主点坐标(X0，Y0)、径向畸变参数(K1，K2)、切向畸变参数(P1，P2)。

Pixel to mm：像素转换为毫米。

Fix Distortion：畸变校正。

Classic Strip：传统航带模式。

Auto TiePts：自动匹配模式。

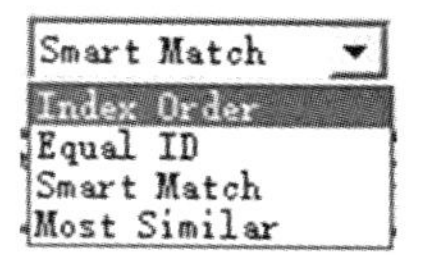

How to match image：

Smart Match：按影像名称中数字和 POS 数据关联。

Index Order：按影像顺序和 POS 数据关联。

Equal ID：按影像名称和 POS 数据的名称完全相等。

Most Similar：按影像名称和 POS 数据的名称最大相似性关联。

LBH->UTM：

GPS 数据坐标转换到控制点坐标系下。

DMS(经纬度单位度、分、秒)->Degree：

GPS 数据格式转换。

Angle)Degree->Radian：

POS 数据中角度单位由角度转换到弧度。

2. 自由网平差

工程建立后，程序开始进行带 GPS 初值的自由网平差，出现如图 3-10 所示连接点提取界面。

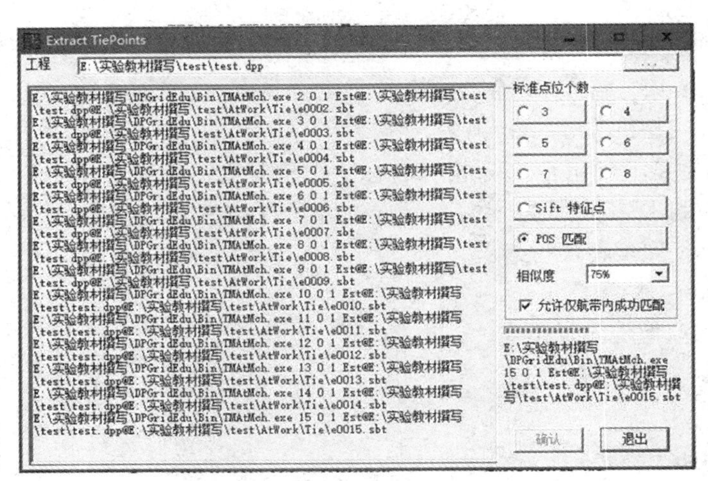

图 3-10　连接点提取界面

标准点位个数：在影像标准点位提取 harris 特征点，具体 3～8 点位分布如图 3-11 所示，红色点为影像像主点，黑色点为连接点。

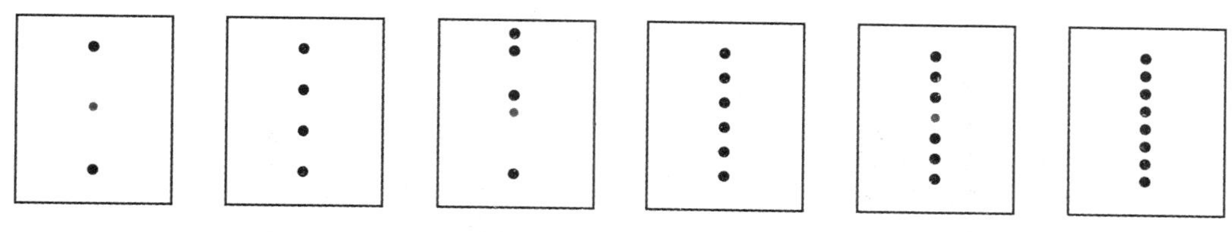

图 3-11　3～8 点位分布

Sift 特征点：提取影像 sift 特征点。

POS 匹配(GPS)：提取影像 harris 特征点，根据 GPS 数据匹配该影像在上、下、左、右四方向的转点影像，如图 3-12 所示。

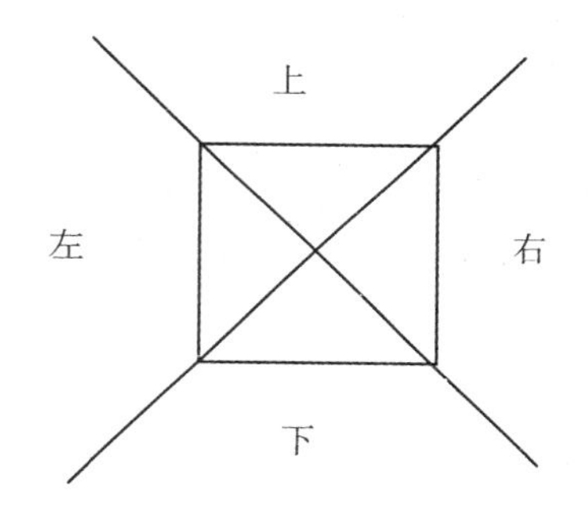

图 3-12　影像的上、下、左、右方位

相似度：相关系数的阈值。

自由网平差过程中，由于测区参数未设置或初始参数设置不合适，会出现工程参数重设提示，点击“确定”，在后续步骤中重新估填参数，如图 3-13 所示。

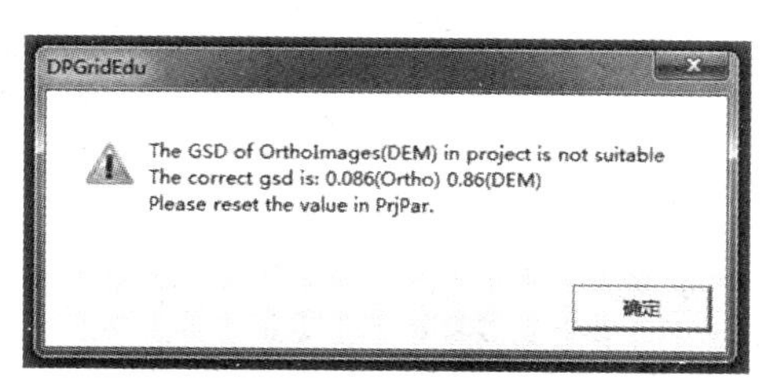

图 3-13　测区参数重设提示

3. 测区参数

在 DPGridEdu 软件主界面上，单击“文件”→“测区参数”，显示图 3-14 所示界面。

工程参数
工程路径 d:\lyw\lyw.dpp
工程参数
摄影比例 7000
地面像元 0.1
地面高 20
产品参数
匹配参数 15 31
相关系数 80 60 %
空三参数
航向重叠 0.66
旁向重叠 0.3
DEM间隔 1
等高距 1
正射影像分解率 0.1
保存　取消

图 3-14　工程参数界面

工程路径： 当前工程路径。

工程参数： 基本参数，包括摄影比例、地面像元、地面高(单位：米)、航高(单位：米)，这些参数可以从航飞计划获取。

空三参数： 包括航向重叠、旁向重叠。

产品参数： 匹配参数(包括大小和间隔)、相关系数(包括正常和困难影像区域)、DEM 间隔(单位：米)、等高距(单位：米)、正射影像分解率(单位：米)，这些参数取决于生产要求。

保存： 保存参数设置。

取消： 取消参数设置。

4. 相机参数

在 DPGridEdu 软件主界面上，单击“文件”→“相机参数”，进行相机参数设置，界面如图 3-15 所示，将对应的相机参数输入到对应窗口中，给定相机名称，单击“Append”进行创建，单击“Save”完成相机参数的设置。

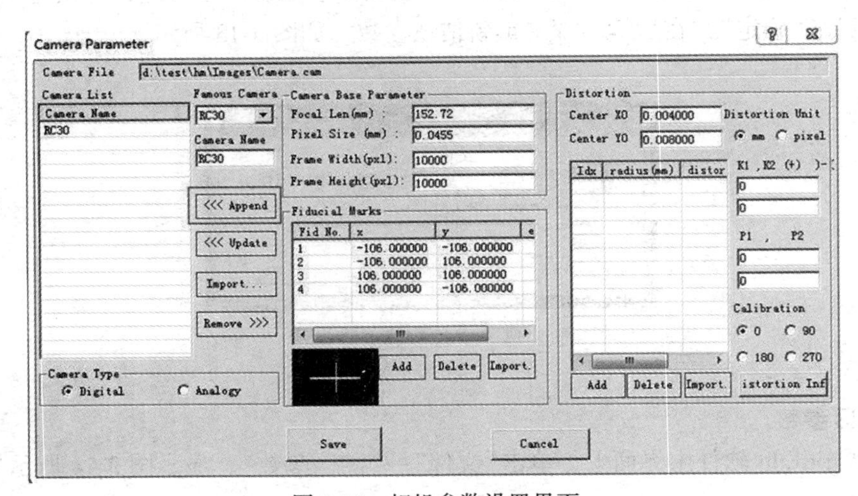

图 3-15　相机参数设置界面

Camera File：相机文件存储路径及名称。

Camera List：相机列表。

Famous Camera：常见相机基本参数库。

Camera Name：相机名称。

Append：添加相机。

Update：修改参数。

Import：输入。

Remove：移除。

Camera Type：相机类型，分为数码相机和非数码相机。

Camera Base Parameter：相机基本参数，包括焦距大小、像素大小、影像宽、影像高。

Fiducial Marks：框标坐标，包含 Add(添加)、Delete(删除)、Import(输入)功能，该功能主要适用于模拟相机。

Distortion：畸变参数，包含像主点坐标(X0、Y0)、径向畸变参数(K1、K2)、切向畸变参数(P1、P2)。

Distortion Unit：畸变参数单位，分为 pixel(像素)和 mm(毫米)。

Save：保存。

Cancel：取消。

5. 影像参数

在 DPGridEdu 软件主界面上，单击“文件”→“影像参数”，显示图 3-16 所示界面，单击“Append”进行影像导入，选择合适的参数，单击“OK”进行处理。

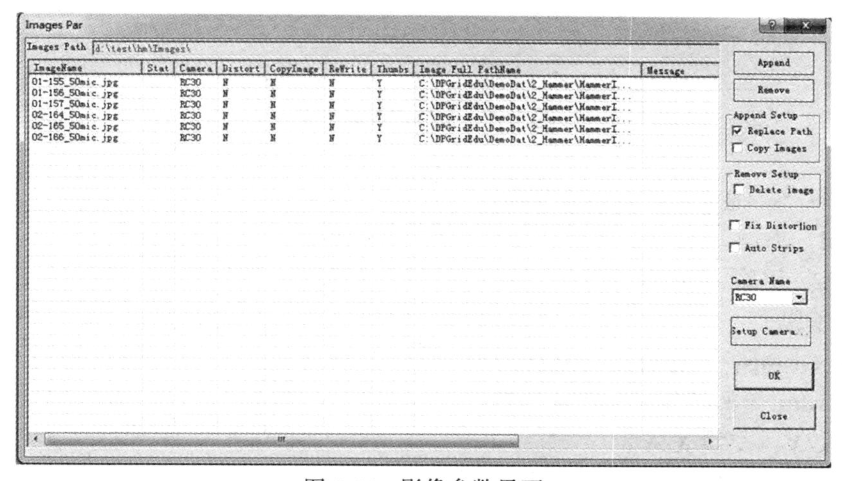

图 3-16　影像参数界面

Images Path：影像路径。

Append：添加影像。

Remove：移除影像。

Append Setup：引入影像安置，包含两种方式：Replace Path(影像在原位置，只记录影像路径)、Copy Images(复制影像到当前测区路径下)。

Remove Setup：移除影像安置。

Fix Distortion：畸变校正。

Auto Strips：自动排航带。

Camera Name：相机名称。

Setup Camera：引入相机文件。

OK：确认。

Close：关闭。

6. 地面控制点

在 DPGridEdu 软件主界面上，单击“文件”→“地面控制点”，显示如图 3-17 所示界面，单击“Import”进行控制点引入，完成后单击“Save”即可退出界面。

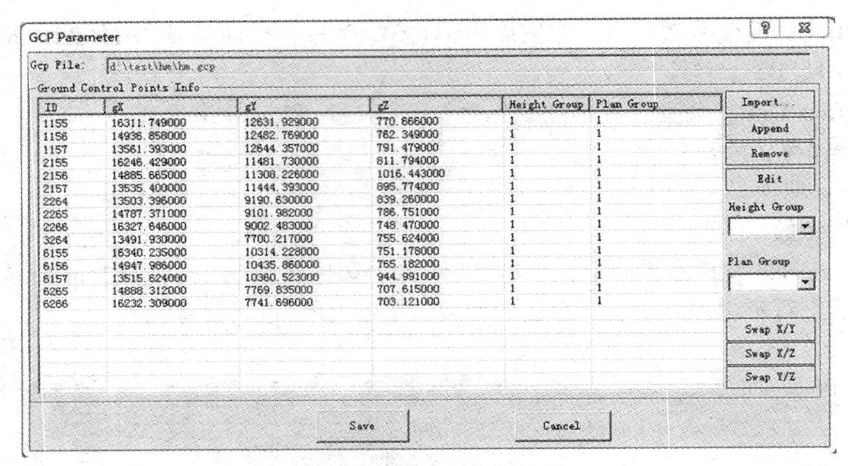

图 3-17　控制点参数界面

Gcp File：控制点文件路径及名称。

Append：添加。

Remove：移除。

Edit：编辑。

Height Group：高程分组，默认为 1。

Plan Group：平面分组，默认为 1。

Swap X/Y：交换 X/Y。

Swap X/Z：交换 X/Z。

Swap Y/Z：交换 Y/Z。

Save：保存。

Cancel：取消。

引入控制点后，DPGridEdu 主界面显示为图 3-18，控制点出现在影像相应的近似位置上，其中蓝圈为控制点近似位置，红色字体为点号。

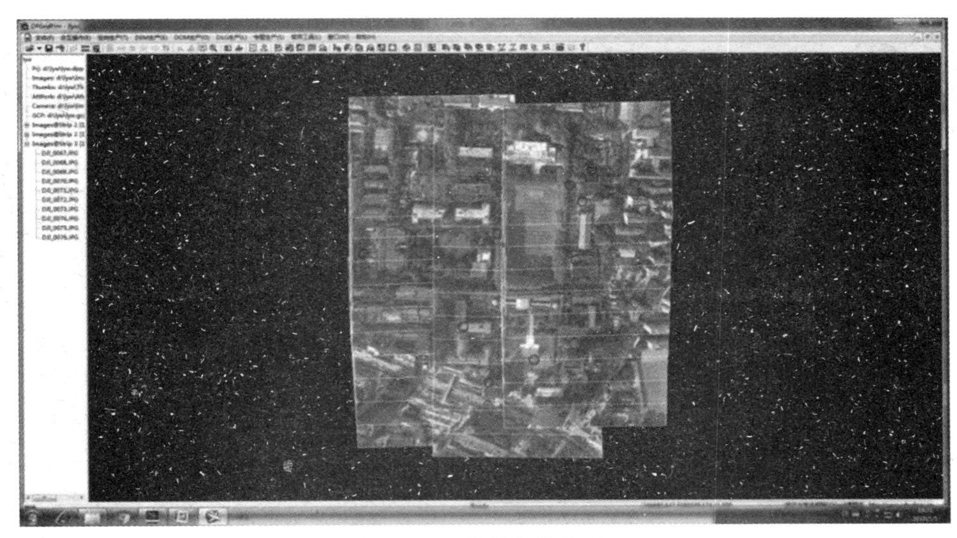

图 3-18 控制点分布图

7. 空中三角测量

在 DPGridEdu 主界面中，点击“定向生产”→“空中三角测量”→“平差与编辑”，出现平差与编辑界面，如图 3-19 所示，其中黄圈为控制点预测点位，红色字体为控制点标号。

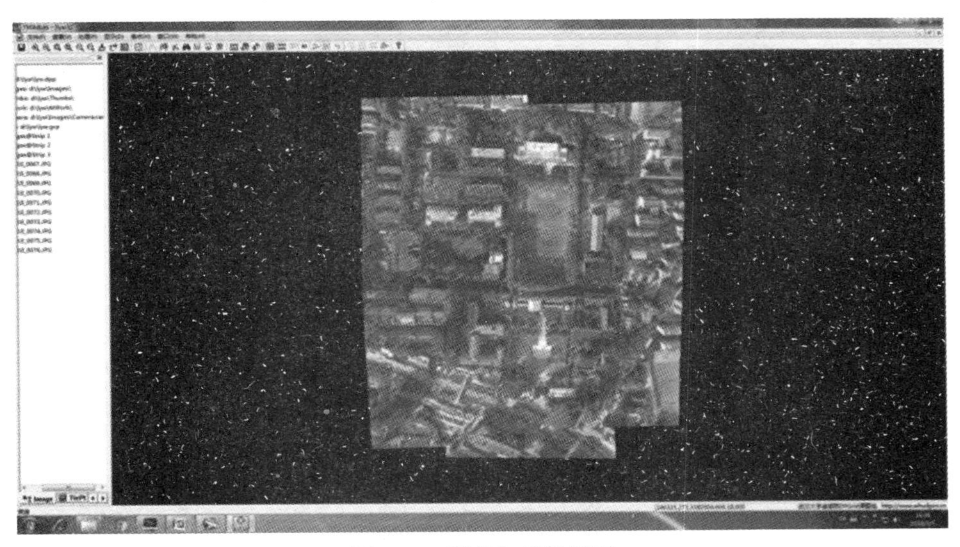

图 3-19 平差与编辑界面

可根据控制点刺点片，在叠拼图上确认位置，使用“处理”→“匹配加连接点”或界面工具栏上的图标进行匹配加控制点工作。在叠拼图上单击后，软件会对该位置进行自动预测，如图 3-20 所示，直接进入控制点添加界面。

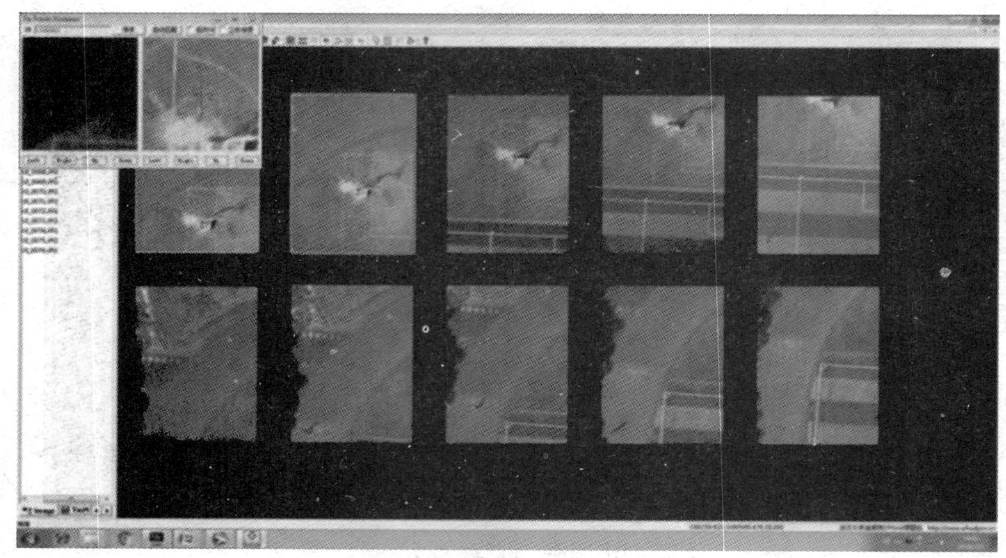

图 3-20　控制点添加界面

图 3-20 左上角为精调窗口，如图 3-21 所示，左窗口显示主影像，右窗口显示参考影像。

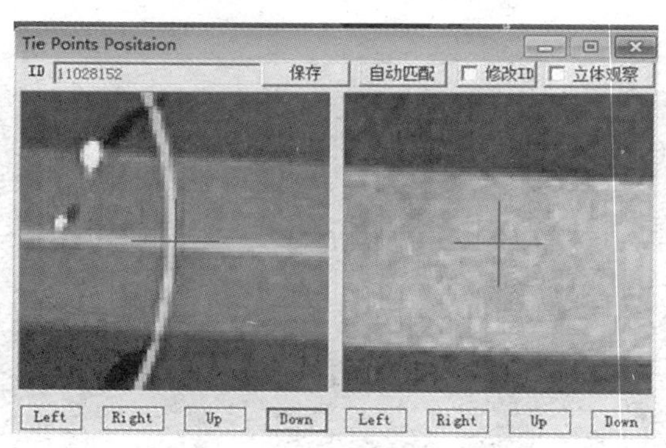

图 3-21　精调窗口

控制点的添加具体过程为：

(1)在主窗口中选主影像，默认第一幅为主影像，也可在工具栏中选择“修改参考影像”项，重新选定主影像；

(2)在主窗口中选参考影像，右键点击为选中；

(3)在主窗口中主片上点击控制点的位置，然后在放大窗口中精调，通过“Left”“Right”“Up”“Down”键调整到正确位置为止；

(4)在主窗口中参考影像上点击控制点的位置，然后在放大窗口中精调，通过“Left”

"Right""Up""Down"键调整到正确位置为止，也可通过自动匹配到达正确位置。

完成所有参考影像上控制点定位后，选"修改 ID"项，键入正确的控制点号，点击"保存"，完成控制点添加，选择"立体观察"项，检查控制点点位是否正确，添加完成的控制点显示为三角形。完成所有控制点添加后，点击"文件"→"保存"后可以退出该界面。

在图 3-19 的平差与编辑界面，单击图 3-22 所示的"处理"→"平差方式"，选择平差软件和控制信息，平差软件一般选 iBundle，控制信息根据数据情况而定。

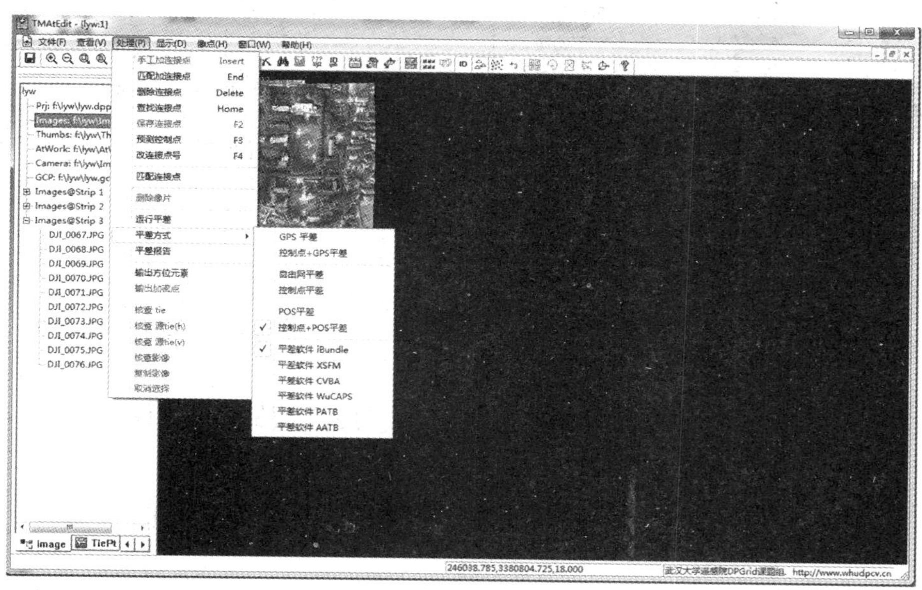

图 3-22　处理菜单

在平差与编辑界面，点击"运行平差"，出现如图 3-23 所示的平差菜单界面。

平差菜单界面的设置项如图 3-24 所示界面，包含数据文件、平差参数、精度参数和输出参数项。

点击"平差参数"项，出现如图 3-25 所示界面。

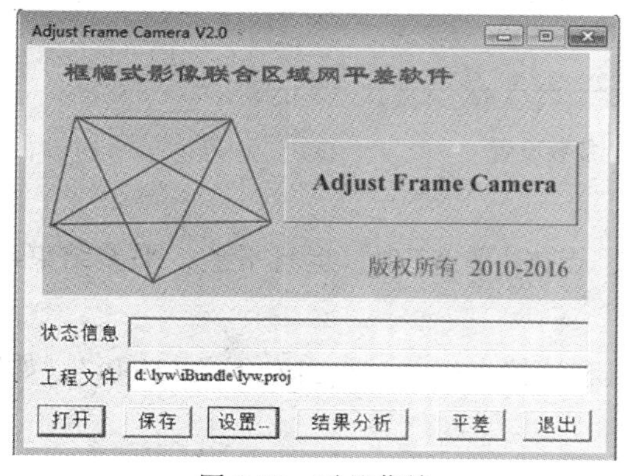

图 3-23　平差菜单

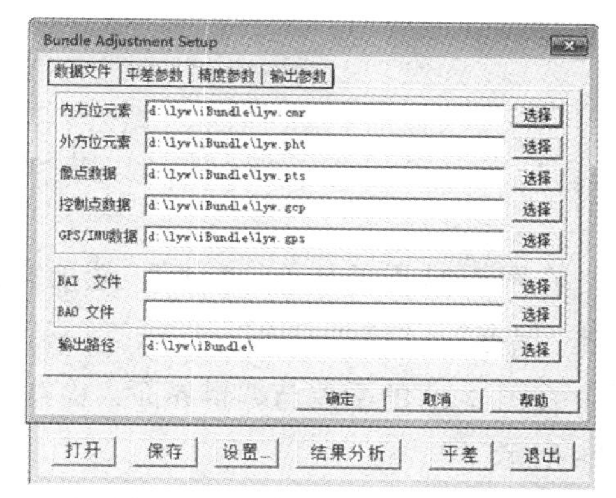

图 3-24　光束法平差参数设置

点击“精度参数”项，出现如图 3-26 所示界面。其中，系统误差改正分为多项式(NULL)，12 参数模型和 44 参数模型。控制点精度和像点精度从已知信息中获取，GPS 精度与参数需要估算。

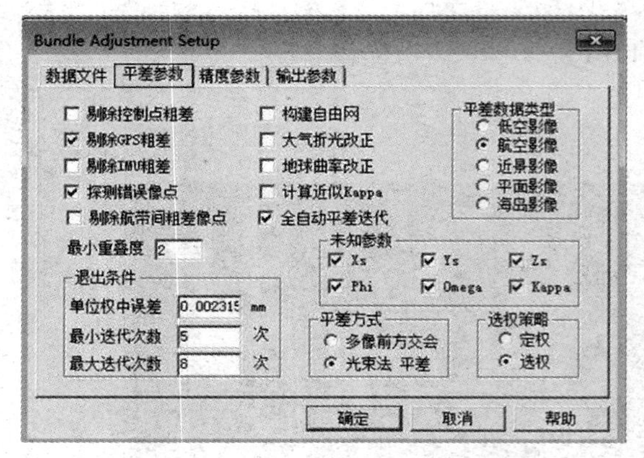

图 3-25　平差参数设置

图 3-26　精度参数设置

点击“输出参数”项，出现如图 3-27 所示界面，勾选需要输出的文件。

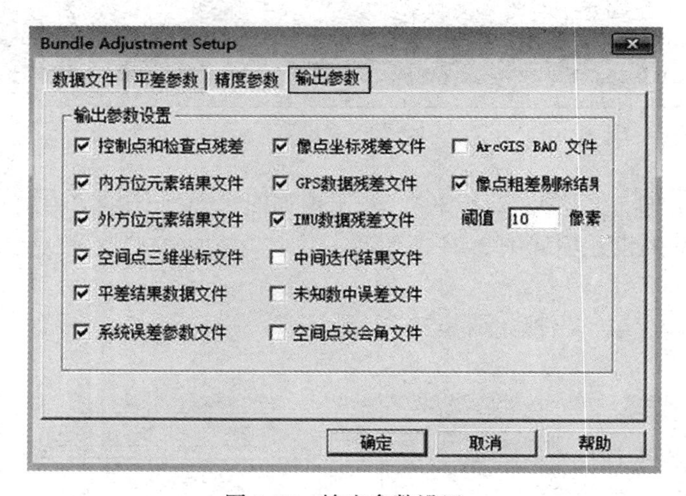

图 3-27　输出参数设置

在图 3-23 平差菜单的“设置”选项完成后，点击“平差”项，运行平差，平差结束后，点击“保存”，然后“退出”。

在图 3-19 的平差与编辑界面，检查控制点和连接点残差，点击左下角“TiePt”，如图 3-28 所示。

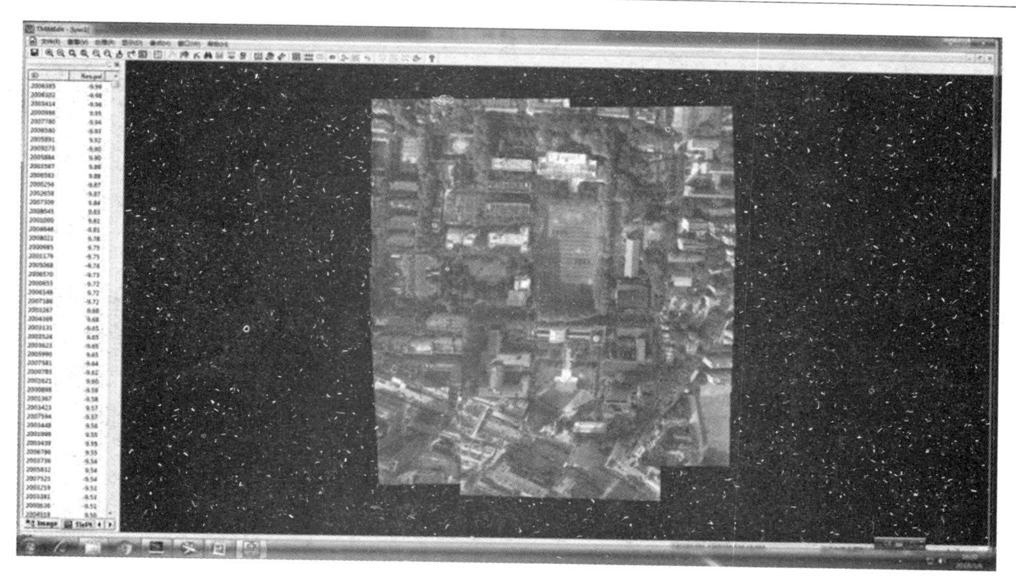

图 3-28 显示 TiePt

双击残差大的点，出现如图 3-29 所示连接点编辑界面，可进行控制点和连接点检查。

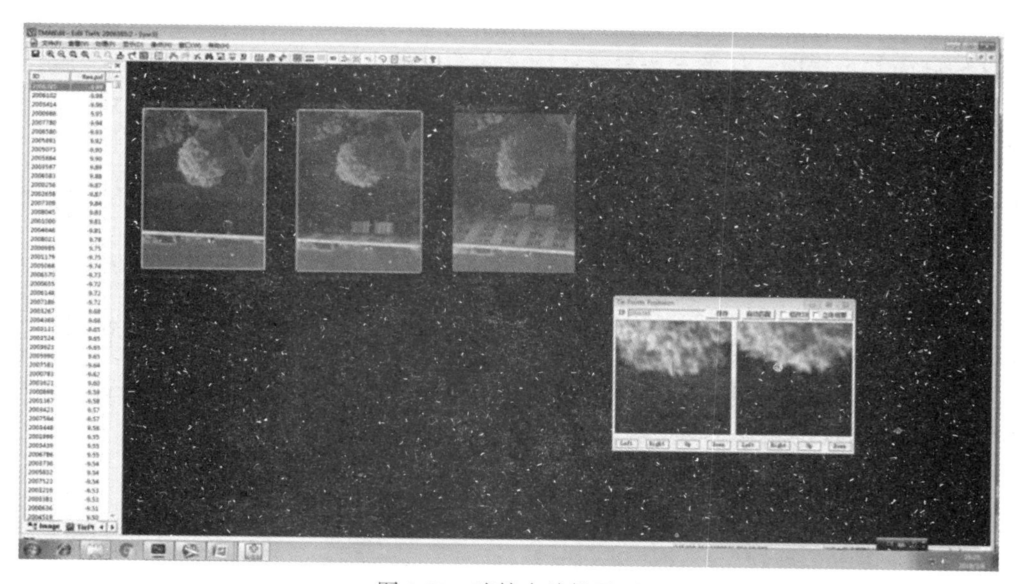

图 3-29 连接点编辑界面

在图 3-22 处理菜单中，再次运行“处理”→“运行平差”，直至所有控制点及连接点符合精度要求。

点击“处理”→“平差报告”，输出平差报告，如图 3-30 所示。

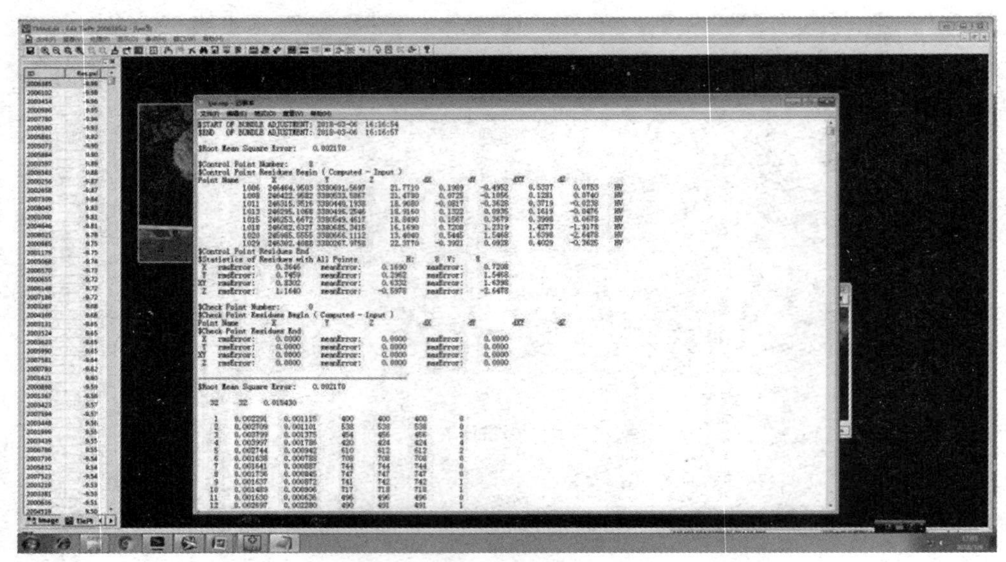

图 3-30　显示平差报告

点击“处理”→“输出方位元素”，输出平差结果文件，保留在工程目录下 images 中。

平差结果文件含了每张像片的外方位元素和所有加密点的坐标。查看平差中误差、基本定向点残差、检查点残差，结合国家规范判断残差是否超限。

区域网内基本定向点残差是衡量区域网定向精度的重要指标。一般情况下，基本定向点残差不大于加密点中误差的 0.75 倍，检查点即区域网内多余控制点，其不符值是衡量区域网解析空中三角测量成果精度的主要指标，一般情况下，多余控制点不符值不大于加密点中误差的 1.25 倍。若结果中有超限的点，需要对像点坐标文件进行编辑，即去除大的量测误差点或进行重新补测，直到结果满足生产规范要求。

◎ 参考文献：

[1]段延松．数字摄影测量 4D 生产综合实习教程[M]．武汉：武汉大学出版社，2014.
[2]张剑清，潘励，王树根．摄影测量学(第二版)[M]．武汉：武汉大学出版社，2017.
[3]邓非，闫利．摄影测量实验教程[M]．武汉：武汉大学出版社，2012.
[4]王树根．摄影测量原理与应用[M]．武汉：武汉大学出版社，2009.
[5]张祖勋，张剑清．数字摄影测量学(第二版)[M]．武汉：武汉大学出版社，2012.

第4章 卫星影像定向

4.1 卫星影像成像模型

与传统框幅式相机成像方式不同，高分辨率光学卫星传感器多采用CCD线阵推扫成像，如图4-1所示[1]。

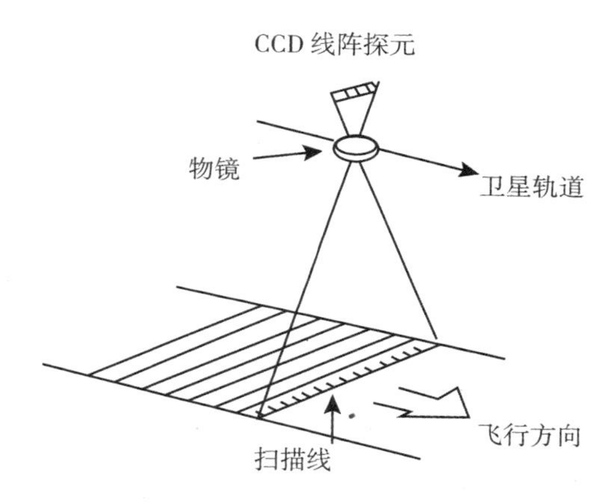

图4-1 线阵影像成像原理

线阵列方向与飞行方向垂直，在某一瞬间得到的是一条线影像，一幅影像由若干条线影像拼接而成，所以又称推扫式扫描成像。这种推扫式CCD运行过程中，每扫描一行，物镜都垂直于地面，保持静止，因此满足中心投影，所以构像方式符合中心投影构像方程。对于这种影像，在进行几何处理时，通常采用“中心投影加改正”的方法，即首先将一幅影像当成框幅式中心投影影像来看待，它对应一组外方位元素，实际上是对应某个起算时刻的线影像，然后考虑到CCD传感器是装在卫星上的，具有平稳的轨道和姿态变化率，可以认为其他组线影像的外方位元素是近似随时间线性变化的[2]。

三线阵CCD立体成像方式已经广泛应用于高分辨率卫星遥感成像。三线阵CCD测量相机是由光学系统焦平面上的三个线阵CCD传感器组成的，每个CCD阵列以一个同步的周期连续扫描地面，能够在同一时间获取同一地区、不同角度的三条相互重叠的影像带，可以避免摄影死角的出现以及影像色调的变化。三个CCD阵列成像角度分别为垂直、向前或向后倾斜，获取的不同视角影像可构成立体影像，用于立体测图[3]。

由于线阵式传感器的成像原理与常规的框幅式光学摄影机存在较大甚至是本质的差

别，因此，卫星影像的几何处理需要有一套适合自身特点的几何处理模型和方法。目前常用的几何处理模型主要可以分为严密传感器模型和通用传感器模型两类[2]。

1. 严密传感器模型

这种模型考虑成像时造成影像变形的物理意义如地表起伏、大气折射、相机物镜畸变以及卫星的位置、姿态变化等，然后利用这些物理条件构建成像几何模型。在该类传感器模型中，最具代表性的是摄影测量中以共线条件方程为基础的传感器模型。

2. 通用传感器模型

这种模型不考虑传感器成像的物理因素，直接采用数学函数如多项式、直接线性变换以及有理函数多项式等形式来描述地面点和相应像点之间的几何关系。由于高分辨率卫星的传感器信息出于技术保密原因，通常不对外公开，在不知道轨道参数和成像参数的情况下，严密传感器模型的应用受到限制，而通用传感器模型由于与具体的传感器无关，更能适应传感器成像方式多样化的要求而得到广泛的应用。大量研究结果认为线阵传感器的有理函数模型与物理几何成像模型的精度基本一致。

有理函数模型(Rational Function Model，RFM)[1]是一种更加通用的卫星影像定向模型，它是对一般多项式模型和直接线性变换模型的扩展，是各种遥感影像通用几何处理模型的更为广泛和完善的一种表达形式。有理函数模型将像点坐标(R，C)表示为含地面点坐标(X，Y，Z)的多项式的比值，即

$$\begin{cases} r_n = \dfrac{P_1(X_n,\ Y_n,\ Z_n)}{P_2(X_n,\ Y_n,\ Z_n)} \\ c_n = \dfrac{P_3(X_n,\ Y_n,\ Z_n)}{P_4(X_n,\ Y_n,\ Z_n)} \end{cases} \tag{4-1}$$

式中，(X_n，Y_n，Z_n)，(r_n，c_n) 分别为地面点坐标(X，Y，Z)、像点坐标(R，C)经平移和缩放后的正则化坐标，取值为[-1，1]；各多项式 P_i(i = 1，2，3，4) 中每一项的各坐标分量 X_n，Y_n，Z_n 的幂次最大不超过3，且每一项各坐标分量的幂次之和也不超过3次。

RFM采用标准化坐标以提高模型中各系数求解的稳定性并减少计算过程中由于数据级过大而引起的数据舍入误差。其形式简单适用于各种类型的遥感传感器，而且无需使用成像过程中的各种几何参数。此外，有理多项式系数一般不具备明确的物理意义，能够很好地隐藏传感器的核心信息。

4.2　卫星影像的定向原理

为了消除地形投影差，卫星数据提供商一般会在产品中附加每张影像的轨道参数模型或有理多项式系数(Rational Polynomial Cofficients，RPC)文件，以便确定卫星摄影或扫描时的传感器姿态和位置，作为消除地面高差投影差的理论依据。RPC文件是数学意义上的几何成像模型，它是结合传感器的物理参数和轨道参数，并经过若干地面控制点，经过复杂的计算卫星影像的定向得到的变换系数矩阵，在这里它的实际意义就相当于航空影像获得外方位元素后由共线方程建立起来的光束模型[1]。

RPC成像模型定义关系式[4]如式4-2：

$$r_n = \frac{\mathrm{Num}_L(P_n, L_n, H_n)}{\mathrm{Den}_L(P_n, L_n, H_n)}$$
$$c_n = \frac{\mathrm{Num}_S(P_n, L_n, H_n)}{\mathrm{Den}_S(P_n, L_n, H_n)} \tag{4-2}$$

其中(P_n, L_n, H_n)为正则化的地面点坐标，(r_n, c_n)为正则化的影像坐标。$\mathrm{Num}_L(P_n, L_n, H_n)$，$\mathrm{Den}_L(P_n, L_n, H_n)$，$\mathrm{Num}_S(P_n, L_n, H_n)$，$\mathrm{Den}_S(P_n, L_n, H_n)$分别为：

$$\begin{aligned}\mathrm{Num}_L(P_n, L_n, H_n) = {} & a_0 + a_1L_n + a_2P_n + a_3H_n + a_4L_nP_n + a_5L_nH_n + a_6P_nH_n \\ & a_7L_n^2 + a_8P_n^2 + a_9H_n^2 + a_{10}P_nL_nH_n + a_{11}L_n^3 + a_{12}L_nP_n^2 \\ & a_{13}L_nH_n^2 + a_{14}L_n^2P_n + a_{15}P_n^3 + a_{16}P_nH_n^2 + a_{17}L_n^2H_n \\ & a_{18}P_n^2H_n + a_{19}H_n^3\end{aligned}$$

$$\begin{aligned}\mathrm{Den}_L(P_n, L_n, H_n) = {} & b_0 + b_1L_n + b_2P_n + b_3H_n + b_4L_nP_n + b_5L_nH_n + b_6P_nH_n \\ & b_7L_n^2 + b_8P_n^2 + b_9H_n^2 + b_{10}P_nL_nH_n + b_{11}L_n^3 + b_{12}L_nP_n^2 \\ & b_{13}L_nH_n^2 + b_{14}L_n^2P_n + b_{15}P_n^3 + b_{16}P_nH_n^2 + b_{17}L_n^2H_n \\ & b_{18}P_n^2H_n + b_{19}H_n^3\end{aligned}$$

$$\begin{aligned}\mathrm{Num}_S(P_n, L_n, H_n) = {} & c_0 + c_1L_n + c_2P_n + c_3H_n + c_4L_nP_n + c_5L_nH_n + c_6P_nH_n \\ & c_7L_n^2 + c_8P_n^2 + c_9H_n^2 + c_{10}P_nL_nH_n + c_{11}L_n^3 + c_{12}L_nP_n^2 \\ & c_{13}L_nH_n^2 + c_{14}L_n^2P_n + c_{15}P_n^3 + c_{16}P_nH_n^2 + c_{17}L_n^2H_n \\ & c_{18}P_n^2H_n + c_{19}H_n^3\end{aligned}$$

$$\begin{aligned}\mathrm{Den}_S(P_n, L_n, H_n) = {} & d_0 + d_1L_n + d_2P_n + d_3H_n + d_4L_nP_n + d_5L_nH_n + d_6P_nH_n \\ & d_7L_n^2 + d_8P_n^2 + d_9H_n^2 + d_{10}P_nL_nH_n + d_{11}L_n^3 + d_{12}L_nP_n^2 \\ & d_{13}L_nH_n^2 + d_{14}L_n^2P_n + d_{15}P_n^3 + d_{16}P_nH_n^2 + d_{17}L_n^2H_n \\ & d_{18}P_n^2H_n + d_{19}H_n^3\end{aligned}$$

其中，三次多项式的系数a_0，…，a_{19}，b_0，…，b_{19}，c_0，…，c_{19}，d_0，…，d_{19}是 RPC 本身文件提供的模型参数，L，S 分别为影像列数值和行数值，b_1和d_1通常为 1。正则化地面点坐标定义公式为：

$$L_n = \frac{L - \mathrm{LAT\_OFF}}{\mathrm{LAT\_SCALE}}$$
$$P_n = \frac{P - \mathrm{LONG\_OFF}}{\mathrm{LONG\_SCALE}} \tag{4-3}$$
$$H_n = \frac{H - \mathrm{HEIGHT\_OFF}}{\mathrm{HEIGHT\_SCALE}}$$

这里 LAT_OFF，LAT_SCALE，LONG_OFF，LONG_SCALE，HEIGHT_OFF，HEIGHT_SCALE 为地面坐标的正则化参数。正则化影像点坐标定义公式为：

$$r_n = \frac{r - \mathrm{LINE\_OFF}}{\mathrm{LINE\_SCALE}}$$
$$c_n = \frac{c - \mathrm{SAMP\_OFF}}{\mathrm{SAMP\_SCALE}} \tag{4-4}$$

这里 LINE_OFF，LINE_SCALE，SAMP_OFF，SAMP_SCALE 为影像坐标的正则化参数。

卫星影像的定向就是在卫星所带的 RPC 参数基础上，通过一些已知控制点对 RPC 参数进行平差、精化原 RPC 参数，形成新的 RPC 参数。

对于线阵立体像对而言，实现由像点反求物方点，可以利用 RPC 参数建立的有理函数模型，交会得到对应物方点的三维坐标。以前、后视影像组成立体像对为例，对一对同名像点，根据前、后视影像各自的有理函数模型，前视影像可以列 2 个方程，后视影像可以列 2 个方程，一共构成 4 个方程的方程组，如公式 4-5 所示，这个方程组包含像点的真实维坐标 3 个未知数，4 个非线性方程解 3 个未知数，需要将 4 个有理函数方程进行线性化，列误差方程，用间接平差最小二乘原理迭代求解 3 个未知数[5]。

$$
\begin{aligned}
r\_f &= \frac{\mathrm{Num}_L f(P_n, L_n, H_n)}{\mathrm{Den}_L f(P_n, L_n, H_n)} \cdot \mathrm{LINE\_SCALE} + \mathrm{LINE\_OFF} \\
c\_f &= \frac{\mathrm{Num}_S f(P_n, L_n, H_n)}{\mathrm{Den}_S f(P_n, L_n, H_n)} \cdot \mathrm{SAMP\_SCALE} + \mathrm{SAMP\_OFF} \\
r\_b &= \frac{\mathrm{Num}_L b(P_n, L_n, H_n)}{\mathrm{Den}_L b(P_n, L_n, H_n)} \cdot \mathrm{LINE\_SCALE} + \mathrm{LINE\_OFF} \\
c\_b &= \frac{\mathrm{Num}_S b(P_n, L_n, H_n)}{\mathrm{Den}_S b(P_n, L_n, H_n)} \cdot \mathrm{SAMP\_SCALE} + \mathrm{SAMP\_OFF}
\end{aligned}
\tag{4-5}
$$

4.3　核线影像

对于线阵 CCD 推扫式影像，每一条扫描行与被摄物体之间都具有严格的中心投影关系，并拥有各自的 6 个外方位元素，同时各扫描行的外方位元素又具有一定的相关性和不确定性，因而无法像框幅式中心投影影像那样基于成像几何关系给出严格的核线定义。目前对卫星影像核线关系的各种描述中，基于投影轨迹法的核线定义是建立在成像的几何约束条件之上的，在理论上最为严密。具体定义如图 4-2 所示，将左片上像点 p 的光线上的每一个物点都投影到右片上，得到的投影点轨迹将形成一条曲线 ep ，将这条曲线定义为像点 p 的核线。点 p 在右片上的同名像点 q 必定位于这条"核曲线"上[6]。

目前主要的核线纠正方法可以分为基于像方和基于物方两类。胡芬等提出一种基于物方投影基准面的卫星影像核线模型，基本思想是将卫星立体像对投影到一对与近似核线（*ED*）平行的影像上，如图 4-3 所示，即沿核曲线（ep_1、ep_2）在物方投影基准面（*PRP*）上投影点轨迹的近似直线方向进行核线重排，从而得到相互平行的近似核线。该模型的特点在于基于物方 *PRP* 建立起核线影像与原始影像的严格像点坐标映射关系，从而为卫星影像近似核线重排提供一种类似于影像数字纠正的实现途径[6]。

具体步骤为：(1)定义物方坐标系（*O-XYZ*）和投影基准面（*PRP*），投影基准面取物方坐标系中的平均高程面，高程为 H；(2)确定核曲线（ep_1、ep_2）在 *PRP* 上投影点轨迹的近似直线方向（*ED*），即卫星立体像对近似核线在 *PRP* 上的排列方向；(3)建立近似核线影

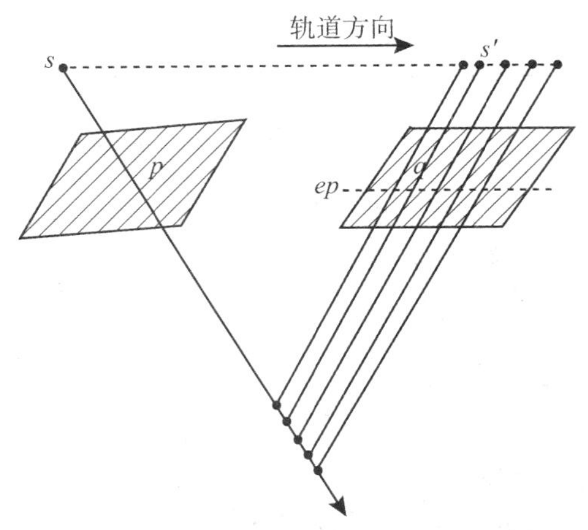

图 4-2 基于投影轨迹法的核线定义[6]

像与原始影像之间的严格坐标变换关系；(4)根据建立的核线影像像点与原始影像像点严格坐标变换关系，采用类似于影像数字纠正的方式进行近似核线重排，生成左右核线影像。

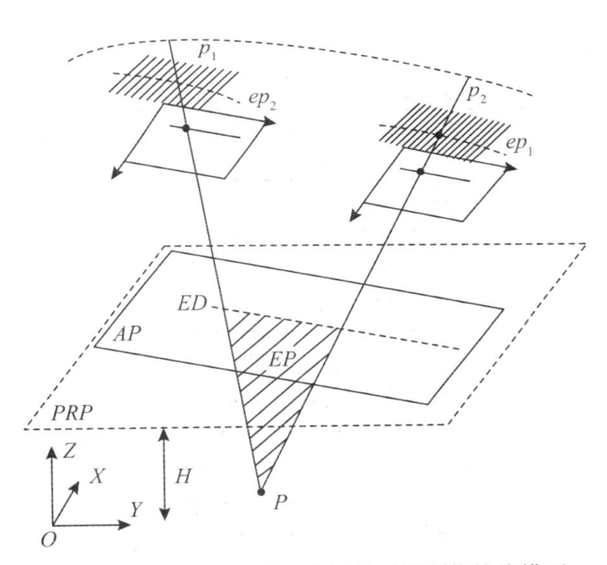

图 4-3 基于物方投影基准面的卫星影像核线模型

Jaehong Oh 等提出一种基于像方的核线影像生成方法：(1)采用投影轨迹法以一定高程间距获取均匀覆盖全图的投影轨迹点，左右像片投影轨迹点存在一一对应关系，同一投影起点生成的轨迹点构成一条核曲线，如图 4-4(a)所示；(2)对左右影像分别旋转一个角度，使得核曲线大致平行于水平方向，此时所有轨迹点呈水平依次排列，在竖直方向存在微小错位；(3)调整轨迹点坐标，令同一轨迹线上的轨迹点 y 坐标值相同，x 坐标值不变，以此来消除上下视差，如图 4-4(b)所示；(4)核线影像重采样及 RPC 参数估算[7]。

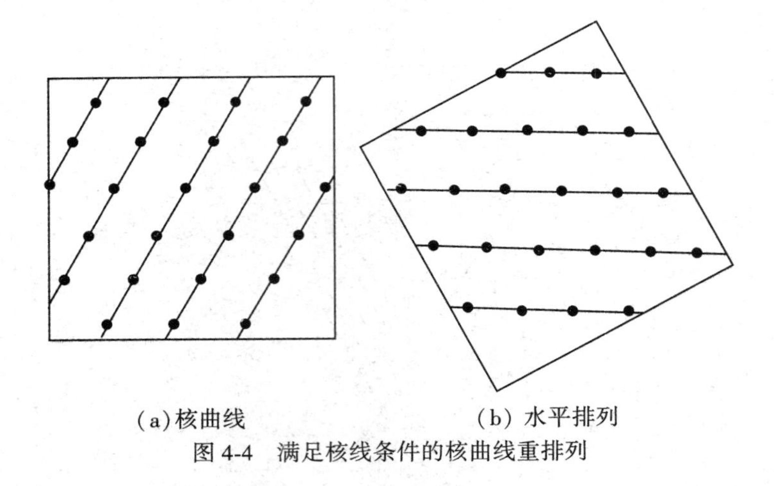

图 4-4　满足核线条件的核曲线重排列

本教程采用 VirtuoZoNet 软件中的三视卫星影像定向模块，具体流程如图 4-5 所示。

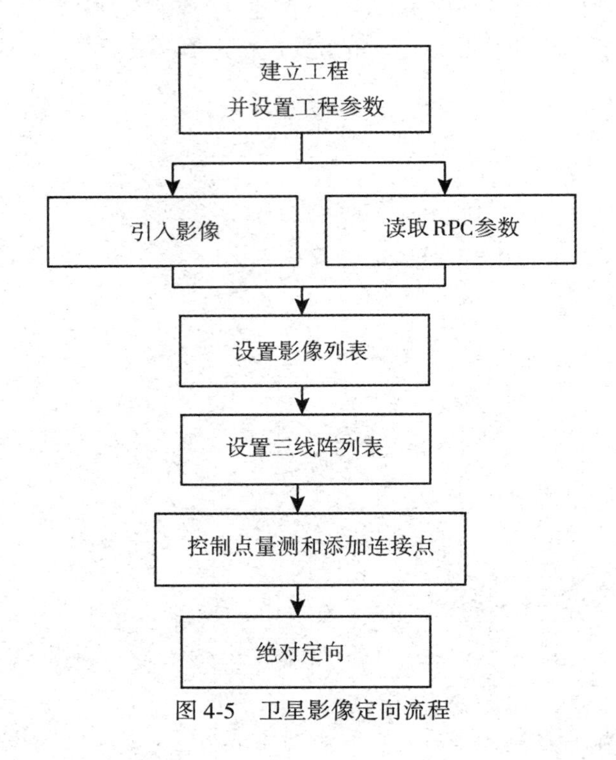

图 4-5　卫星影像定向流程

4.4　三视卫星影像定向实习

4.4.1　实习目的与要求

1. 理解线阵传感器成像原理；

2. 理解有理函数模型定向的含义。

4.4.2　实习内容

1. 掌握卫星影像有理函数模型定向过程;
2. 利用 RPC 参数有理函数模型完成三视卫星影像定向。

4.4.3　实习指导

运行 VirtuoZoNet，进入 VirtuoZoNet 桌面，如图 4-6 所示。点击“登录”，进入。

图 4-6　VirtuoZoNet 桌面界面

选择“卫星处理解决方案”→“三视卫片处理 SAT”，进入如图 4-7 所示 VirtuoZoSat. TLA 界面。

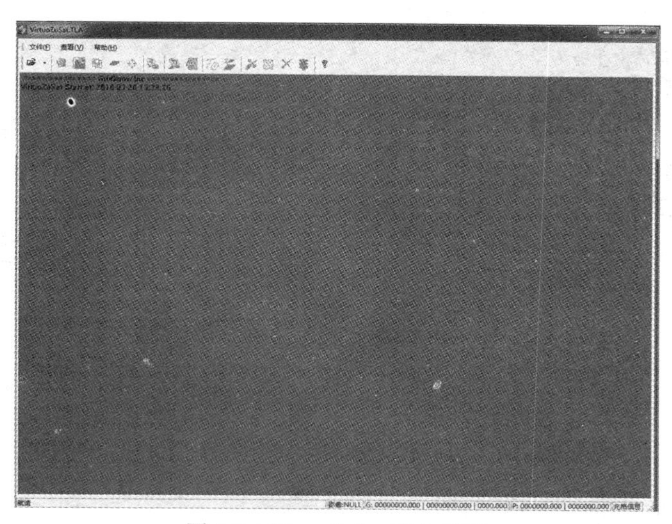
图 4-7　VirtuoZoSat. TLA 界面

1. 新建工程

点击“文件”→“新建”，在图 4-8 所示的新建工程界面设置相应参数，如工程名称、工程目录、投影系统等。

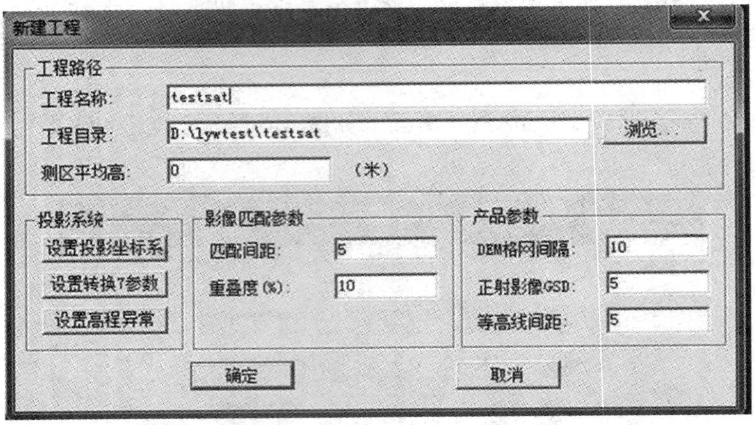

图 4-8　新建工程界面

测区平均高：为控制点平均高程值，默认为 0。

投影系统：定义坐标系，坐标系设置为控制点所在坐标系。

影像匹配参数：设置影像匹配参数。

产品参数：设置 DEM、GSD 和等高线相关参数。

点击“设置投影坐标系”，如图 4-9 所示，需要设置参数如椭球信息、投影信息(投影系统、中央经线、北偏移)等。

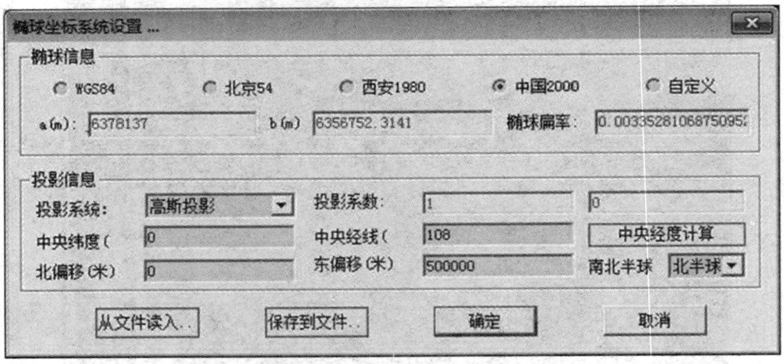

图 4-9　设置投影坐标系

设置完成后点“确定”，VirtuoZoSat. TLA 界面显示如图 4-10 所示。

图 4-10　VirtuoZoSat. TLA 工程界面

2. 引入影像

点击“工程”→“引入影像”，如图 4-11 所示，引入影像数据和 RPC 参数，对影像进行预处理，包括灰度处理、旋转、缩放。

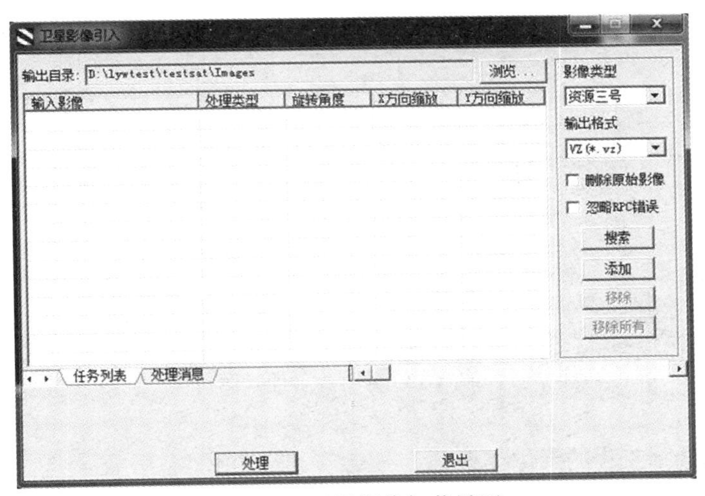

图 4-11　卫星影像加载界面

(1)灰度处理：分为不处理、Wallis 变换和均衡化，用于改善影像质量，提高后续匹配效果；

(2)旋转：所选旋转角度的旋转方向为顺时针方向，设置此参数的主要目的在于建立左右重叠关系立体像对，便于立体观测。对于异轨立体像对，左右影像都不需旋转(如 SPOT5-HRS 异轨像对)，对于同轨立体像对，左右影像应同时旋转 90°，其原理如图 4-12 所示。卫星轨道方向一般为南北方向，因此同轨立体像对为上下重叠关系，这不利于立体观测，立体像对左右影像同时沿顺时针旋转 90°，上下重叠关系变成了左右重叠关系。

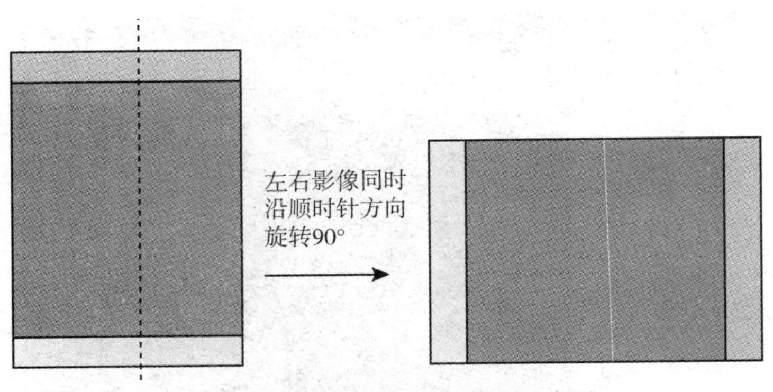

图 4-12　同轨影像旋转 90°原理示意图

(3)缩放：*X* 方向缩放比例和 *Y* 方向缩放比例。该参数主要用于保证卫星轨道方向和扫描方向分辨率一致，使地物各个方向的摄影比例尺一致，从而比较有真实感。

例如 SPOT5-HRS 影像的轨道方向分辨率和扫描方向分辨率分别为 5m 和 10m，因此要沿扫描方向做 200%的拉伸。其原理如图 4-13 所示。

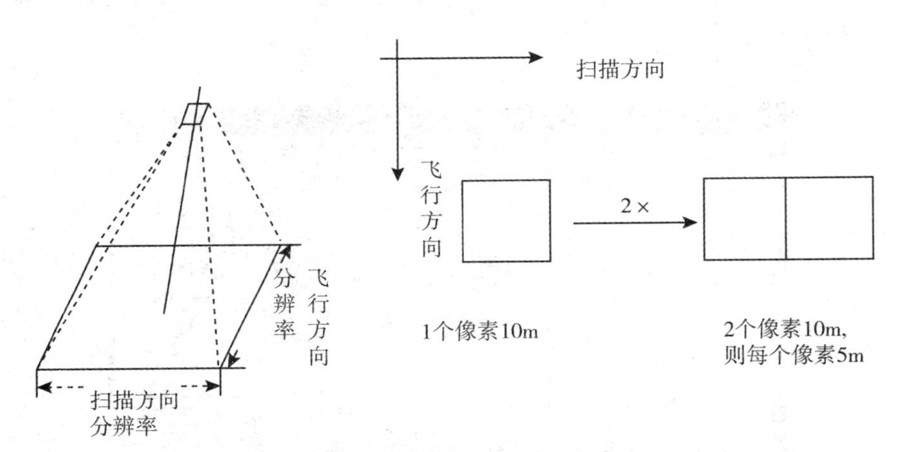

图 4-13　影像拉伸原理图

影像类型：选择工程的影像类型。

搜索：选择影像文件所在文件夹。

点击“处理”，处理完影像后会出现图 4-14 所示的界面，处理消息会显示引入影像生成的 spt 文件、RPC 文件和旋转度数、缩放尺度。

3. 设置影像列表

点击“工程”→“影像列表”，如图 4-15 所示，添加影像，并给影像编号。

添加：选择工程目录下 image 文件夹中 vz 格式的影像，像片的编号为影像文件名尾数。

保存后关闭。系统自动为工程中的所有影像产生金字塔影像，用于后续的匹配，结果如图 4-16 所示。

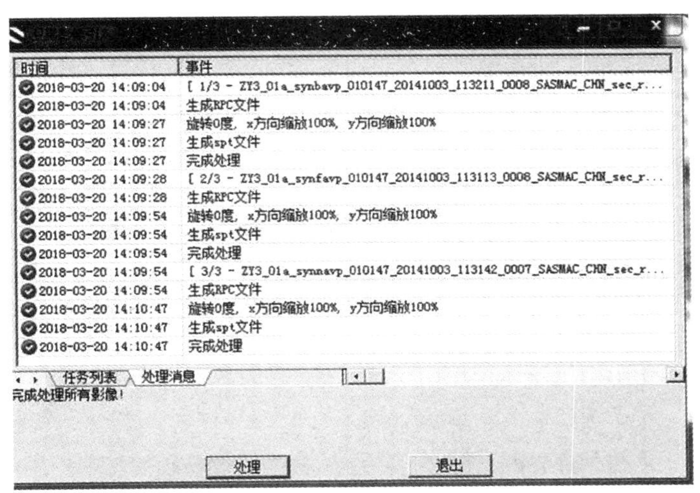

图 4-14　消息处理结果

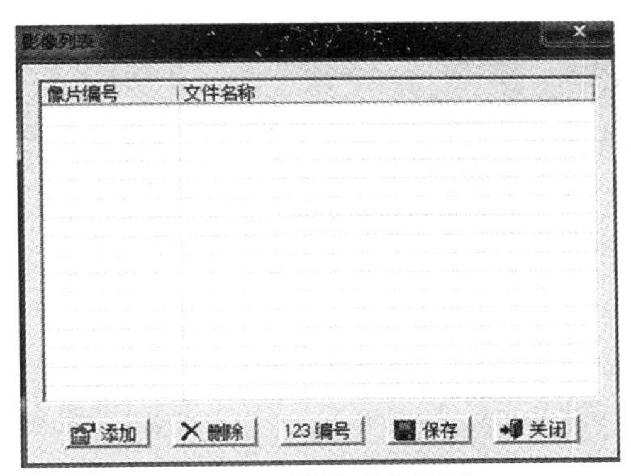

图 4-15　影像列表界面

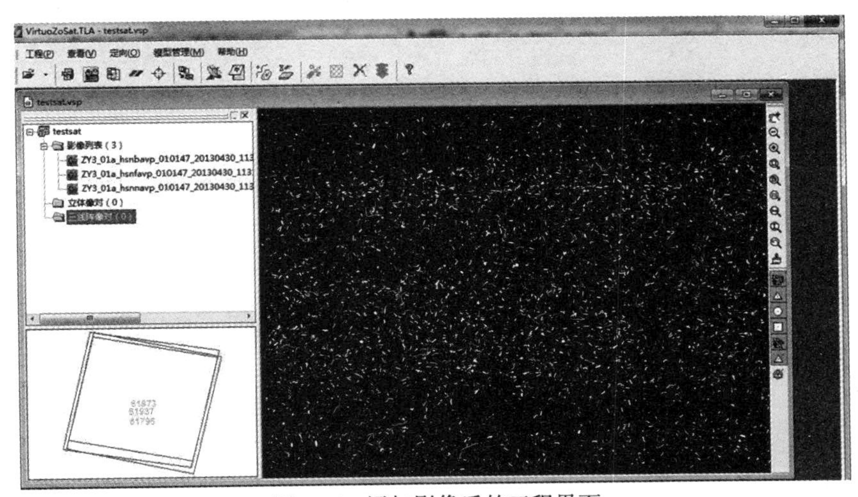

图 4-16　添加影像后的工程界面

4. 设置模型列表

点击“工程”→“三线阵列表”，资源三号是三线阵影像，设置三线阵列表，按照影像编号添加前视、下视、后视影像。依次点击“添加”→“保存”→“退出”，完成模型列表设置，如图 4-17 所示。

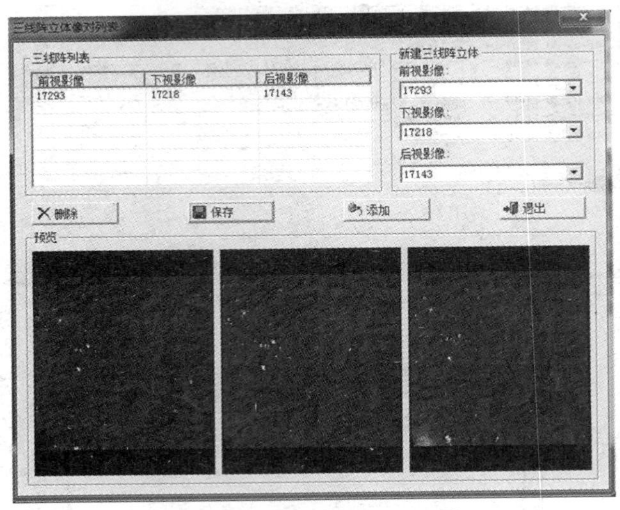

图 4-17　三线阵立体像对列表

5. 设置控制点

点击“工程”→“控制点”，如图 4-18 所示。控制点列表支持“手工输入”和“从控制点文件引入”这两种方式添加控制点。

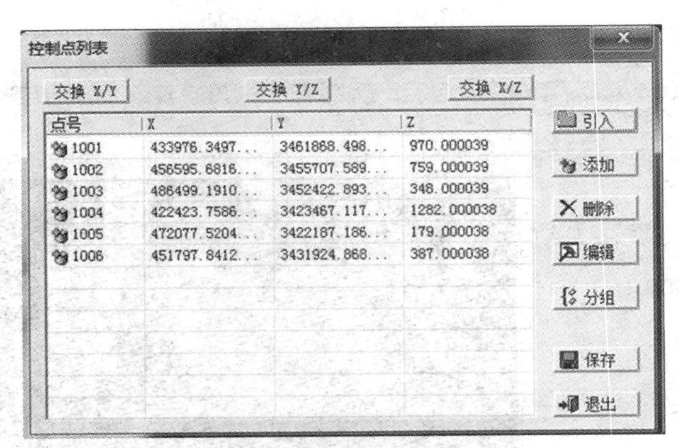

图 4-18　控制点列表界面

(1)点击“引入”，选控制点文件 . gcp，依次保存和退出。

可以对引入的点进行编辑，如图 4-19 所示，选择一个点，点击“编辑”，可编辑此控制点的点号和 X、Y、Z 的坐标，编辑后点击“确定”。选中一个控制点后，点击“分组”，如图

4-20 所示，可选择定向点和检查点。

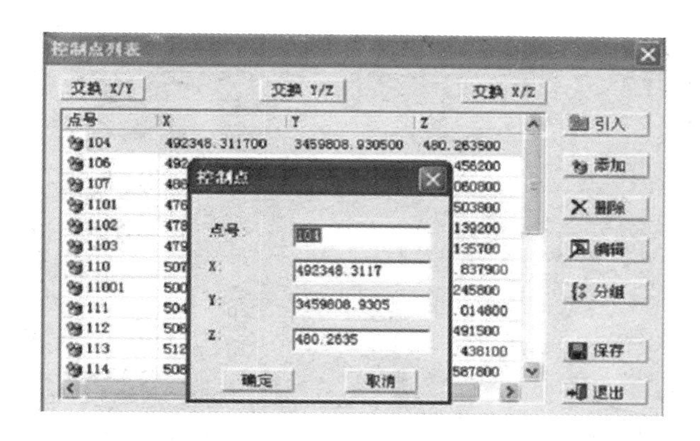

图 4-19　控制点编辑

图 4-20　控制点分组

(2)点击“添加”，设置点号 ID 和 X、Y、Z 坐标，点击“确定”，实现手工输入控制点，如图 4-21 所示。

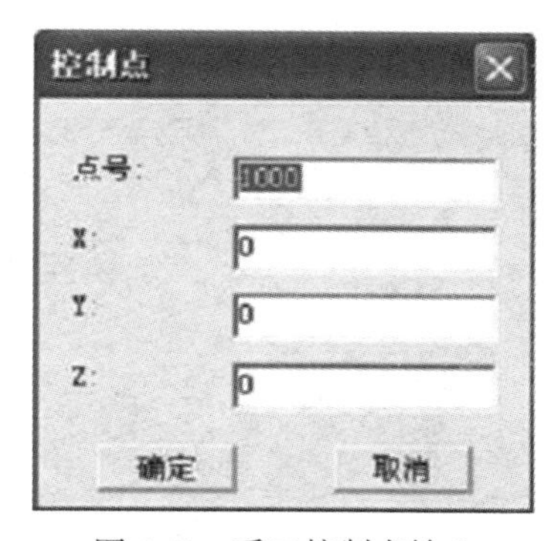

图 4-21　手工控制点输入

6. 空三定向

在如图 4-10 所示的 VirtuoZoSat. TLA 界面，点击“定向”→“定向”，进入卫星影像控制与定位模块，如图 4-22 所示，添加连接点和控制点，进行绝对定向处理。

(1)添加连接点

从左侧测区工程中，选择“三线阵”进入如图 4-23 所示的模型视图，在工具栏上选择加点工具，进行人工或半自动人工加点。

局部放大：寻找连接点近似点位，一幅影像 3×3 均匀加点。

加点：可半自动预测点位。

人工加点：不具备预测功能。

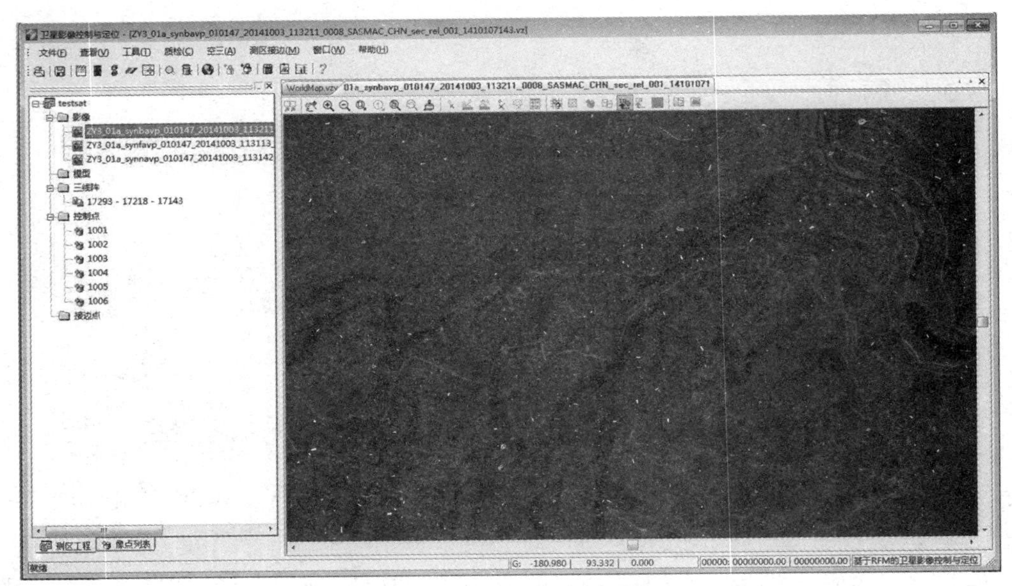

图 4-22　空三定向界面

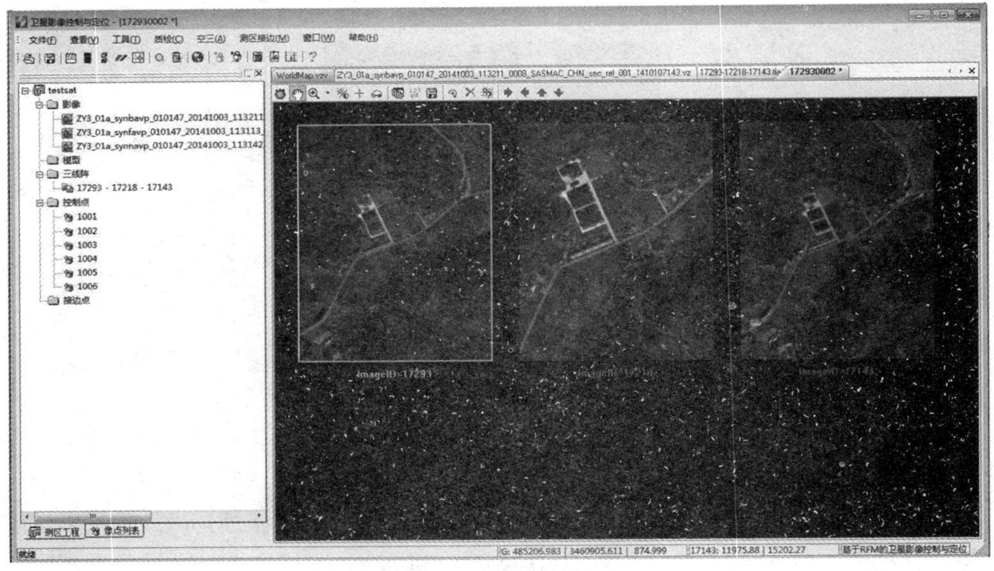

图 4-23　模型视图

使用工具栏中的加点工具，在影像中拾取某点，系统即可选中该点并显示出观测值。放大一定倍数，选择具体合适点位，使用工具栏中方向键调整具体点位。完成后点击保存按钮。依次添加多个像点，使得影像中均匀布满像点。

(2)添加控制点

双击测区工程列表中的“控制点”，即可进行预测控制点，并对照点之记调整控制点点位，如图 4-24 所示。

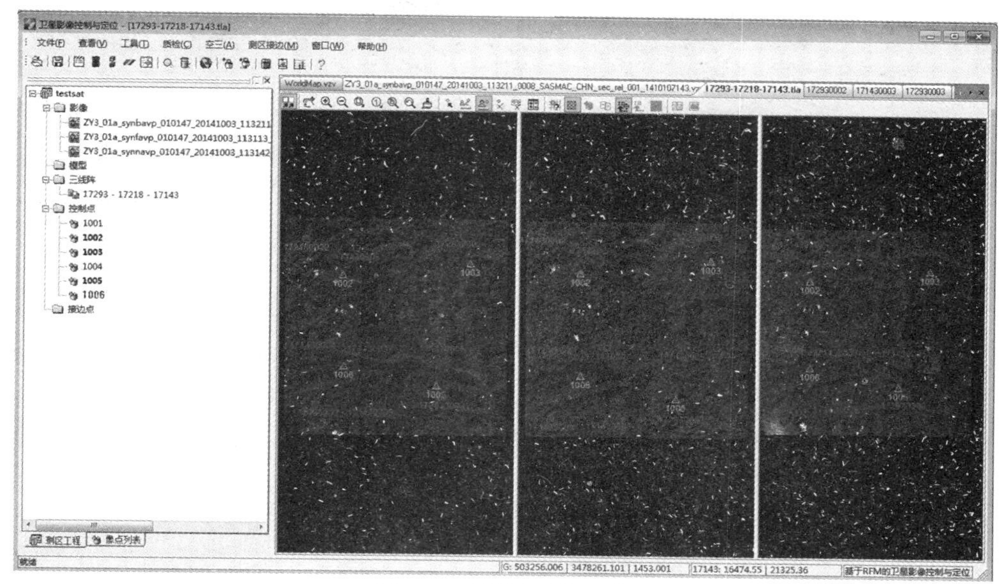

图 4-24　控制点预测点位

依据点之记文件中标记的控制点实际位置，使用工具栏中的方向键 对照调整该点在图上的位置，直到准确为止。完成后，依次添加所有控制点，如图 4-25 所示。

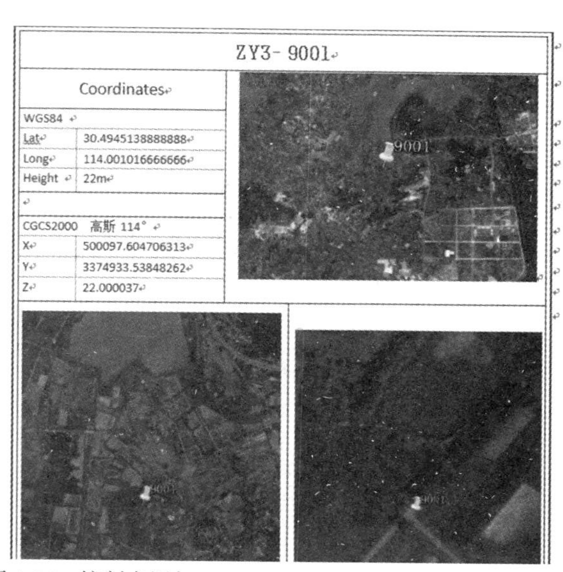

图 4-25　控制点添加

(3)空三定向

控制点量测保存完毕后，点击图 4-22 所示的 VirtuoZoSat 空三定向界面下的“空三”→“绝对定位”，出现 RPC 空三解算界面，如图 4-26 所示。

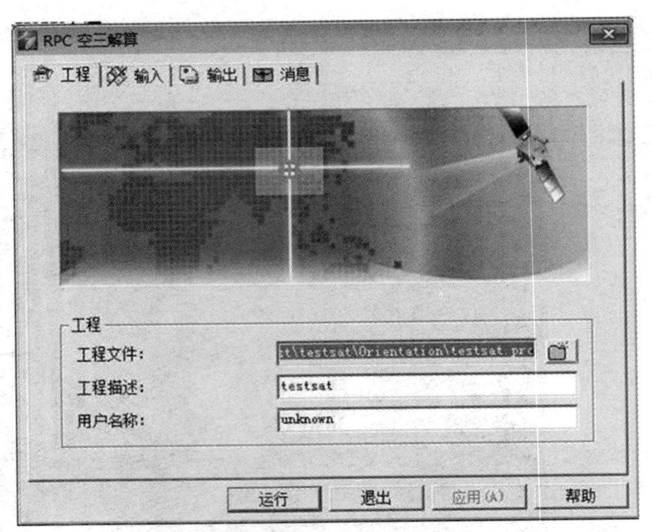

图 4-26　PRC 空三解算界面

工程： 显示工程文件、工程描述、用户名称。

输入： 显示输入影像列表文件 idx、像点坐标文件 imp、输入控制点文件 con、定位参数的初值文件路径，如图 4-27 所示。

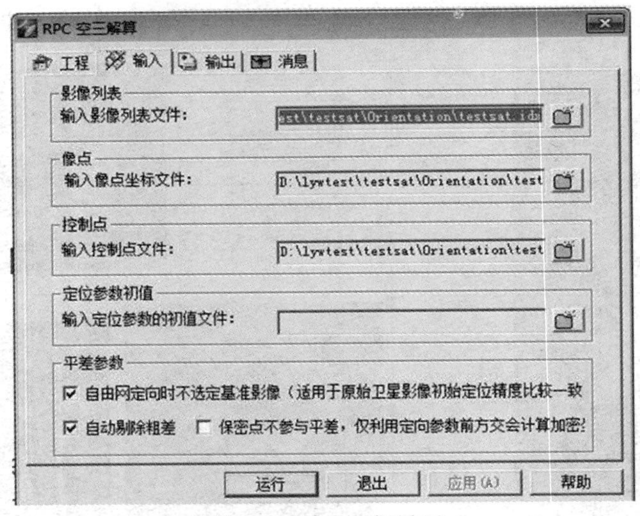

图 4-27　输入面板界面

输出： 指定输出文件的路径及名称，选择要输出的附加文件及路径，如图 4-28 所示。

点击“运行”，退出 RPC 空三解算界面。

(4)查看定向结果

在图 4-22 所示的 VirtuoZoSat 空三定向界面下，点击“空三”→“定位结果”，出现报告文本文件，如图 4-29 所示。

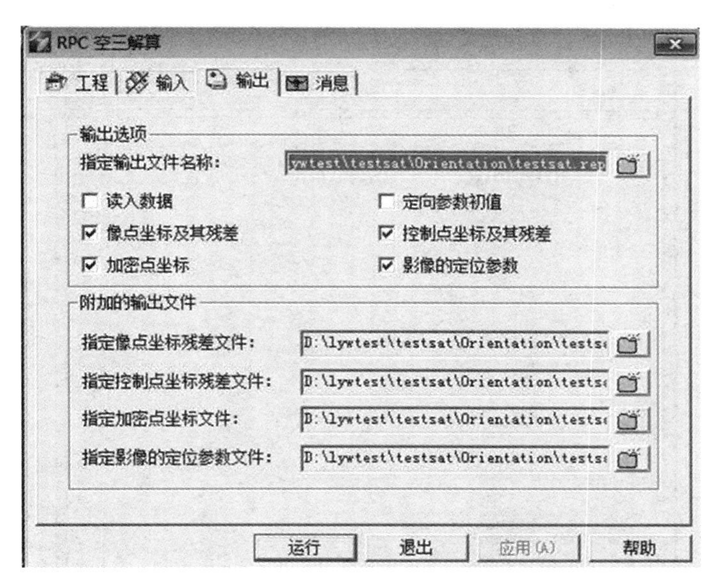

图 4-28 输出面板界面

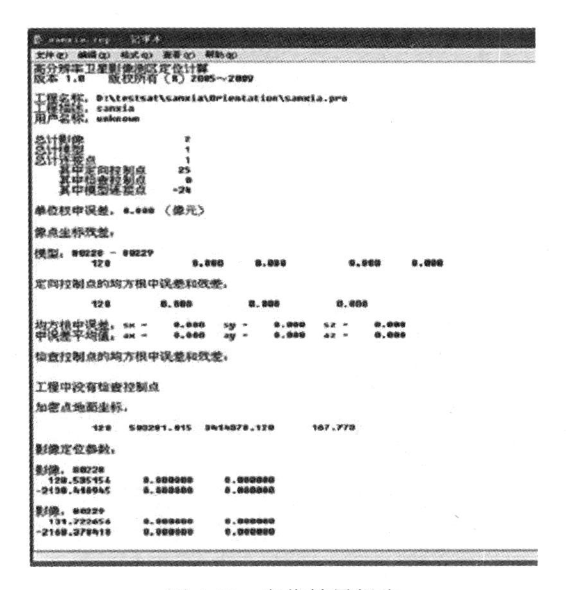

图 4-29 定位结果报告

(5)查看误差分布图

在如图 4-22 所示的 VirtuoZoSat 空三定向界面下，点击“空三”→“误差分布图”，出现如图 4-30 所示的界面。

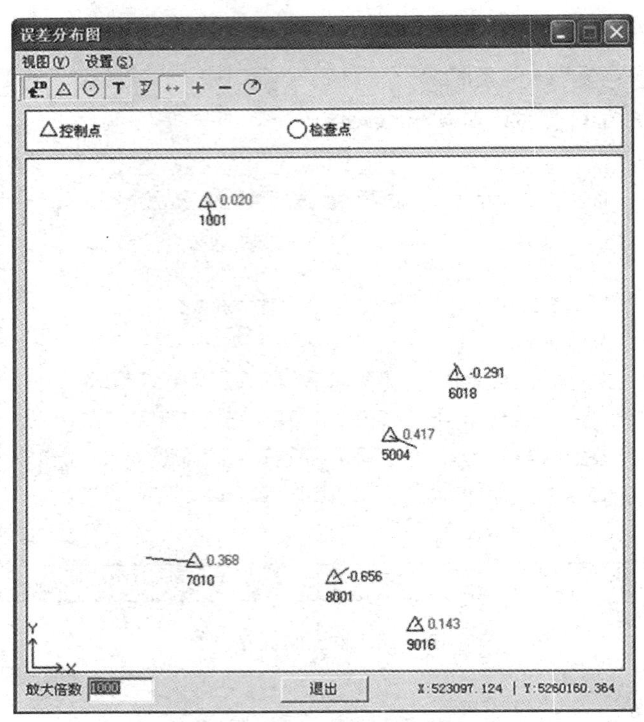

图 4-30　误差分布图

主界面功能如下：

图标	功能	图标	功能
	显示点号		显示控制点
	显示检查点		显示高程误差
	显示高程矢量		显隐平面误差
	设置正高程误差值显示颜色		设置负高程误差值显示颜色
	设置符号大小		

(6)连接点和控制点检查与修改

在如图 4-31 所示的卫星影像空三与定位界面中，在左下角像点列表中查看点位残差，进行删除或修改。

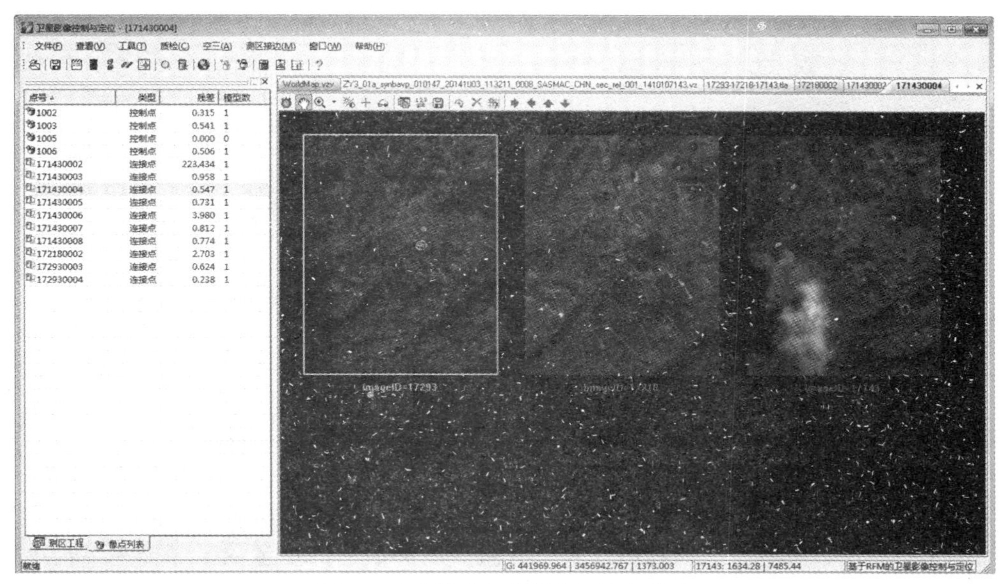

图 4-31 连接点和控制点检查与修改

根据误差显示可知绝对定向的精度如何，若某点误差过大，则可进行微调。其微调方法与步骤如下：首先在左侧像点列表中，选中残差大的点，双击显示观测值；其次使用工具栏中的方向键，依次调整，直到点位准确为止。

◎ 参考文献：

[1]段延松．数字摄影测量 4D 生产综合实习教程[M]．武汉：武汉大学出版社，2014.

[2]王树根．摄影测量原理与应用[M]．武汉：武汉大学出版社，2009.

[3]邓非，闫利．摄影测量实验教程[M]．武汉：武汉大学出版社，2012.

[4]张剑清，潘励，王树根．摄影测量学(第二版)[M]．武汉：武汉大学出版社，2017.

[5]王青松．资源三号卫星三线阵影像 DSM 及 DOM 自动生成[D]．北京：北京建筑大学，2014.

[6]胡芬，王密，李德仁，等．基于投影基准面的线阵推扫式卫星立体像对近似核线影像生成方法[J]．测绘学报，2009，38(5)：428-436.

[7]JAEHONG OH，SHIN S W，KIM K. Direct Epipolar Image Generation from IKONOS Stereo Imagery Based on RPC and Parallel Projection Model[J]. Korean Journal of Remote Sensing，2006，22(5)：451-456.

第5章　数字高程模型

5.1　数字高程模型及数据采集方法[1]

数字地面模型(Digital Terrain Model，DTM)是地形表面形态等多种信息的一个数字表示。严格地说，DTM 是定义在某一区域 D 上的 m 维向量有限序列：$\{V_i, i = 1, 2, \cdots, n\}$ 其向量 $\boldsymbol{V}_i = (V_{i1}, V_{i2}, \cdots, V_{in})$ 的分量为地形 $(X_i, Y_i, Z_i)((X_i, Y_i) \in D))$、资源、环境、土地利用、人口分布等多种信息的定量或定性描述。若只考虑 DTM 的地形分量，我们通常称其为数字高程模型 DEM(Digital Elevation Model)或 DHM (Digital Height Model)。

DEM 是表示区域 D 上地形的三维向量有限序列 $\{\boldsymbol{V}_i = (X_i, Y_i, Z_i), i = 1, 2, \cdots, n\}$，其中 $((X_i, Y_i) \in D$ 是平面坐标，Z_i 是 (X_i, Y_i) 对应的高程。当该序列中各向量的平面点位呈规则格网排列时，则其平面坐标 (X_i, Y_i) 可省略，此时 DEM 就简化为一维向量序列 $\{\boldsymbol{Z}_i, i = 1, 2, \cdots, n\}$。

在地理信息中，DEM 主要有三种表示模型：规则格网模型(Grid)、等高线模型(Contour)和不规则三角网模型(Triangulated Irregular Network，TIN)。但这三种不同数据结构的 DEM 表征方式在数据存储以及空间关系等方面各有优劣。TIN 和 Grid 都是应用最广泛的连续表面数字表示的数据结构。TIN 的优点是能较好地顾及地貌特征点、线，表示复杂地形表面比矩形格网精确，其缺点是数据存储与操作的复杂性。Grid 的优点不言而喻，如结构十分简单、数据存储量很小、各种分析与计算非常方便有效等。

DEM 数据获取常用的方法如下：

(1)野外测量。利用自动记录的测距经纬仪(常用电子速测经纬仪或全站仪)在野外实测地形点的三维坐标。

(2)现有地图数字化。利用数字化仪对已有地图上的信息(如等高线)进行数字化的方法，即利用现有的地形图进行扫描矢量化等，并对等高线做如下处理：分版、扫描、矢量化、内插 DEM。

(3)空间传感器。利用 GPS、雷达和激光测高仪等进行数据采集。目前较流行的是 DGPS/IMU 组合导航技术和 LIDAR 激光雷达扫描技术的摄影测量。

(4)数字摄影测量方法。以航空摄影或遥感影像为基础，通过计算机进行影像匹配，自动相关运算识别同名像点得其像点坐标，运用解析摄影测量的方法内定向、相对定向、绝对定向及运用核线重排等技术恢复地面立体模型。此外也采集特征点线(如：山脊线、山谷线、地形变换线、坎线等)，构建不规则三角网(TIN)获得 DEM 数据。数字摄影测量方法是目前 DEM 数据采集最有效的手段，它具有效率高、劳动强度小的特点。

在数字摄影测量中是以影像匹配代替传统的人工观测来达到自动确定同名像点的目的。最初的影像匹配是利用相关技术实现的，随后发展了多种影像匹配方法。影像相关是利用互相关函数，评价两块影像的相似性以确定同名点。首先取出以待定点为中心的小区域中的影像信号，然后取出其在另一影像中相应区域的影像信号，计算两者的相关函数，以相关函数最大值对应的相应区域中心点为同名点。即以影像信号分布最相似的区域为同名区域，同名区域的中心点为同名点，这就是自动化立体量测的基本原理。对于立体像对，影像相关是根据左影像上作为目标区的一影像窗口与右影像上搜索区内相对应的相同大小的一影像窗口相比较，求得相关系数，代表各窗口中心像素的中央点处的匹配测度。对搜索区内所有取作中央点的像素依次逐个地进行相同的过程，获得一系列相关系数。其中最大相关系数所在搜索区窗口中心像素中央点的坐标，就认为是所寻求的同名像点。

5.2 数字地面模型内插方法

采集的 DEM 数据点，分布通常是不规则的，为了获取规则格网的 DEM，内插是必不可少的重要步骤。DEM 内插就是根据参考点上的高程，求出其他待定点上的高程，在数学上属于插值问题。DEM 内插方法主要分为，整体函数内插、局部函数内插及逐点内插法。整体函数内插是用一个整体函数拟合整个区域，一般说来，大范围的地形很复杂，整个地形不可能用一个多项式来拟合，所以该方法并不常用。局部函数内插是把整个区域分成若干分块，对各分块使用不同的函数进行拟合，同时要考虑相邻分块函数间的连续性。逐点内插法则是以待插点为中心，定义一个局部函数去拟合周围的数据点。

摄影测量中通常采用局部函数或逐点内插方法生成 DEM，并在内插中兼顾一般点和地形特征点、线，并且根据数据点采集的不同方法采取相应的内插方法。常用的 DEM 内插方法有双线性多项式、移动曲面拟合法、有限元法 DEM 内插等。

5.2.1 移动曲面拟合法

移动曲面拟合法是以一个待求点为中心的逐点内插法，它定义一个局部函数去拟合周围的数据点，进而求出待插点的高程。通常将坐标原点移到待求点 $P(X_p, Y_p)$，如图 5-1 所示。

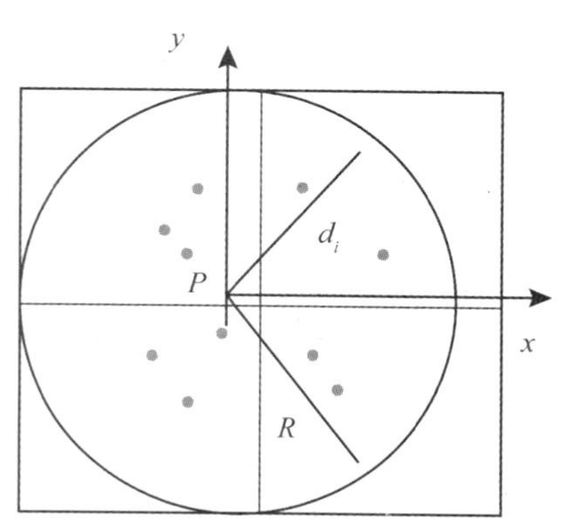

图 5-1 移动曲面拟合法

取定义的函数二次曲面多项式为：

$$Z = AX^2 + BXY + CY^2 + DX + EY + F \tag{5-1}$$

所取的数据点应满足以下两个条件：

(1) $d = \sqrt{\overline{X}_i^{\ 2} + \overline{Y}_i^{\ 2}} < R$，　$\overline{X}_i = X_i - X_p$　$\overline{Y}_i = Y_i - Y_p$。

(2) 数据点与待求点之间地形变化是连续光滑的。

选用数据点的个数大于 6，如果在半径 R 内满足要求的数据点少于 6 个，则应该增大 R 的数值，直至数据点的个数满足要求。利用最小二乘法解求式(5-1)，由于待定点的坐标为坐标系原点，所以 $Z_p = F$ 。在解求过程中，需要计算每一数据点的权 p_i。权 p_i反映该数据点与待插点的相关程度，该数据点与待插点的距离 d_i越小，表示它对待插点的影响越大，相应地，权应该越大；反之当 d_i越大，权应该越小。

5.2.2　三角网数字地面模型构建

三角网的建立是基于最佳三角形条件，就是尽可能保证每个三角形是锐角三角形或三边的长度近似相等，避免出现过大的钝角和过小的锐角。常用的一种是角度判断建立 TIN，另一种是泰森多边形与狄洛尼三角形构 TIN。

角度判断建立 TIN 的方法，就是当已知三角形的两个顶点后，利用余弦定理计算备选第三顶点的三角形内角的大小，选择最大者对应的点为该三角形的第三顶点。具体步骤为：

(1)将原始数据分块，检索所处理的三角形邻近点。

(2)确定第一个三角形。

A 点可取数据文件中第一个点或左下角检索格网中的第一个点，B 点为离 A 点最近的一个点，对附近的点用余弦定理计算$\angle C_i$，取最大$\angle C$ 对应点为该三角形的第三个顶点。

$$\cos C_i = \frac{a_i^{\ 2} + b_i^{\ 2} - c^2}{2a_i b_i} \tag{5-2}$$

(3)三角形的扩展。

对每一个已生成三角形新增加的两条边，按角度最大原则向外进行扩展，同时要进行是否重复的检测。经过三角形不断的扩展，就可以得到由离散数据点构成的 TIN。

泰森多边形与狄洛尼三角形构 TIN 方法，如图 5-2 所示，区域 D 上有 n 个离散点 P_i $(X_i,\ Y_i)(i=1,\ 2,\ \cdots,\ n)$，若将 D 用一组直线段分成 n 个互相邻接的多边形，且满足：

(1)每个多边形内含且仅含一个离散点；

(2)D 中任意一点 $P'(X',\ Y')$若位于 P_i所在的多边形内，则满足下式

$$\sqrt{(X' - X_i)^2 + (Y' - Y_i)^2} < \sqrt{(X' - X_j)^2 + (Y' - Y_j)^2} \quad (j \neq i) \tag{5-3}$$

若 P'在与所在的两个多边形的公共边上，则满足下式

$$\sqrt{(X' - X_i)^2 + (Y' - Y_i)^2} = \sqrt{(X' - X_j)^2 + (Y' - Y_j)^2} \quad (j \neq i) \tag{5-4}$$

满足上述两点的多边形称为泰森多边形。

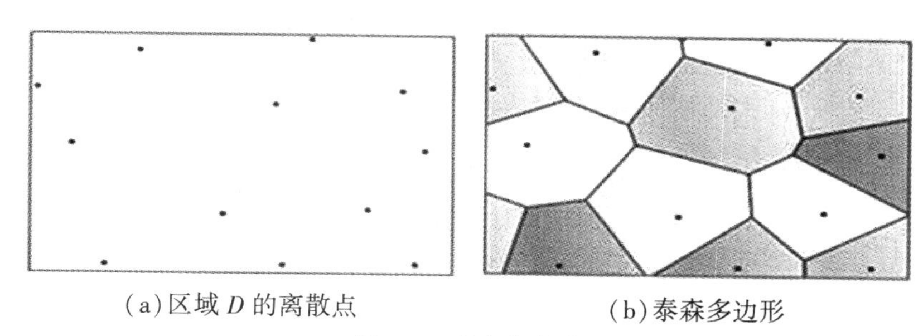

(a)区域 D 的离散点　　(b)泰森多边形

图 5-2　泰森多边形

用直线段连接泰森多边形中，每两个相邻多边形内的离散点生成的三角网称为狄洛尼三角网，如图 5-3 所示。要注意的是泰森多边形的分法是唯一的，每个泰森多边形均是凸多边形，任意两个泰森多边形不存在公共区域。

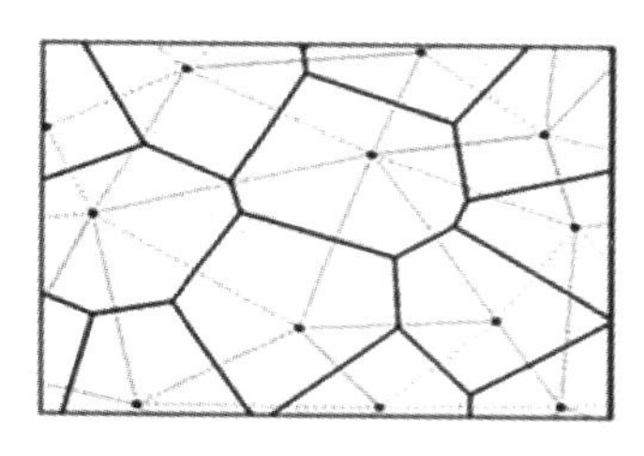

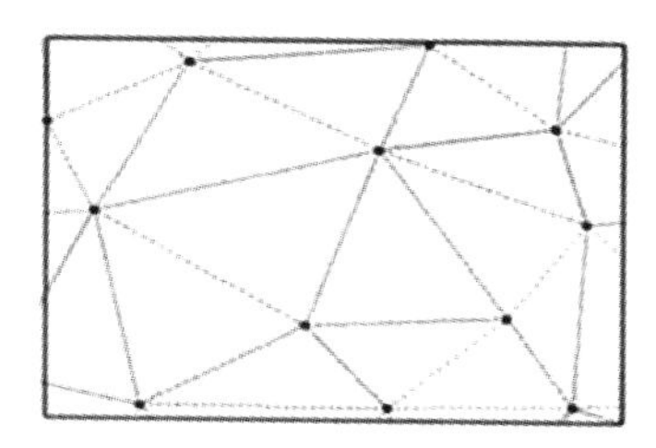

图 5-3　狄洛尼三角网

DEM 有多种表示形式，主要包括规则矩形格网与不规则三角网等。本章对两种形式的 DEM 制作均进行了说明，规则格网由自动和手动两种模式来获取，自动模式为全自动匹配生成 DEM，手动模式可通过已采集的特征矢量构 TIN 生成 DEM 并输出，或通过 TIN 编辑采集特征矢量构 TIN 生成 DEM 并输出；不规则三角网需通过手动模式获取，直接输出 TIN。

本教程采用 DPGridEdu 软件中的 DEM 生成模块(适用无人机和航空影像)和 VirtuoZoNet 软件中 DEM 生成模块(适用卫星影像)，具体的流程如图 5-4 所示。

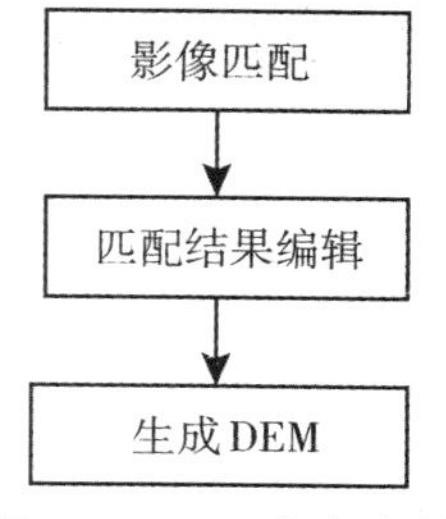

图 5-4　DEM 生产流程

5.3　影像密集匹配生成 DEM 实习

5.3.1　实习目的与要求

1. 理解影像匹配原理和方法及 DEM 内插方法；
2. 掌握匹配后的基本编辑，能根据视差曲线(立体观察)发现粗差，并对不可靠区域进行编辑，达到最基本的精度要求。

5.3.2　实习内容

1. 设置匹配窗口及间隔，进行影像匹配；
2. 实现匹配后编辑，根据等视差曲线(立体观察)发现粗差，并对不可靠区域进行编辑，直至满足精度要求；
3. 进行 DEM 格网参数设置，生成 DEM。

5.3.3　DPGridEdu DEM(无人机、航空影像)生成实习指导

在空三加密结束后，即可进入到密集匹配中进行密集点云的匹配。在 DPGridEdu 主界面中，单击“DEM 生产”→“密集匹配”，进入到密集匹配界面，如图 5-5 所示。

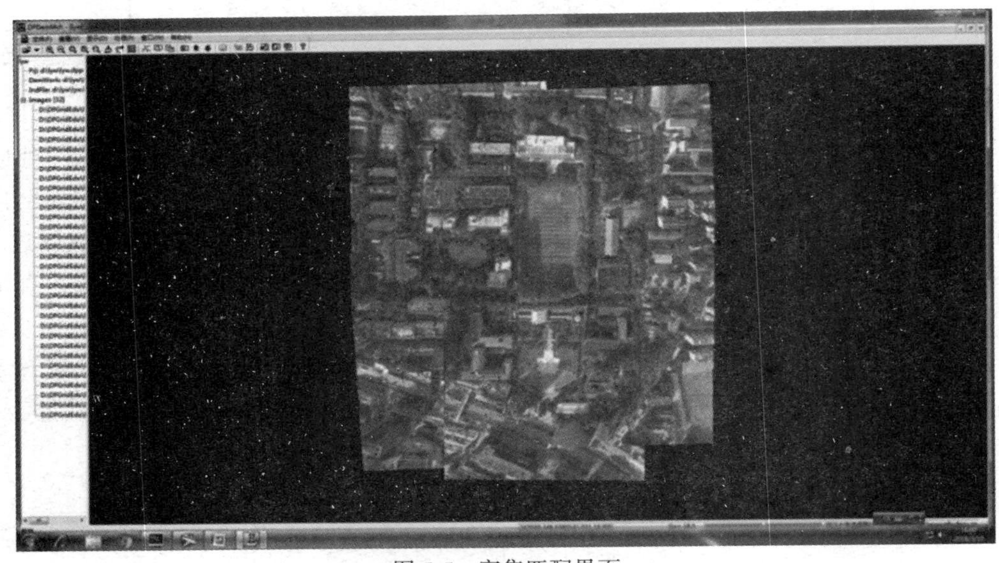

图 5-5　密集匹配界面

单击工具栏上的(密集匹配)，进行密集点云匹配，软件弹出密集匹配设置界面时，勾选“Epip”算法匹配，如图 5-6 所示，单击“OK”进行匹配，匹配结束后界面会自动退出，成果保存在工程目录下 DEM 文件夹内，格式为<测区名称>. las。

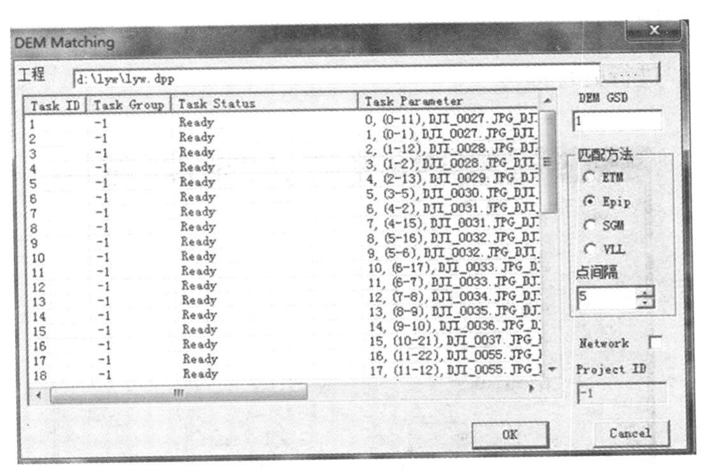

图 5-6　密集匹配设置界面

DEM GSM：DEM 格网大小，单位通常为米。

匹配方法：ETM 为两次膨胀影像匹配算法，Epip 为核线匹配算法，SGM 为半全局匹配算法，VLL 为铅垂线轨迹法。

点间隔：像方匹配点的间隔，与 DEM 的 GSM 有相关性。

Network 和 project ID：网络并行的参数。

在密集匹配界面中，单击 图标，可以查看密集匹配生成的点云数据，如图 5-7 所示。

图 5-7　密集匹配生成的点云数据

单击“处理”→“点云生成 DEM”，出现如图 5-8 所示的界面，在 DEM 保存路径中，要将成果保存到当前测区目录下 DEM 文件夹内，且名称要与测区名称相同(<测区名称>.dem)。点击“OK”进行处理即可。

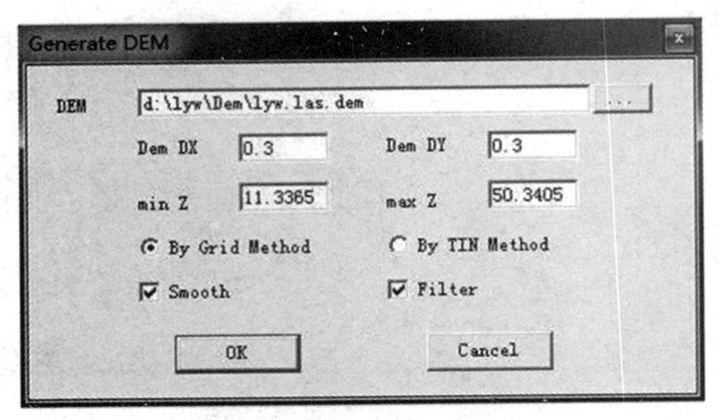

图 5-8　点云生成 DEM

DEM：DEM 成果保存路径。

Dem DX/DY：DEM 成果的格网间距，单位为米。

min/max Z：高程的最大值及最小值。

By Grid Method：通过网格匹配。

By TIN Method：通过构 TIN 匹配。

Smooth：平滑。

Filter：过滤。

在 DPGridEdu 主界面中，单击“DEM 生产”→“DEM 编辑”，进入如图 5-9 所示的界面，窗口中显示的为当前测区的 DEM 成果，等高线为默认显示。

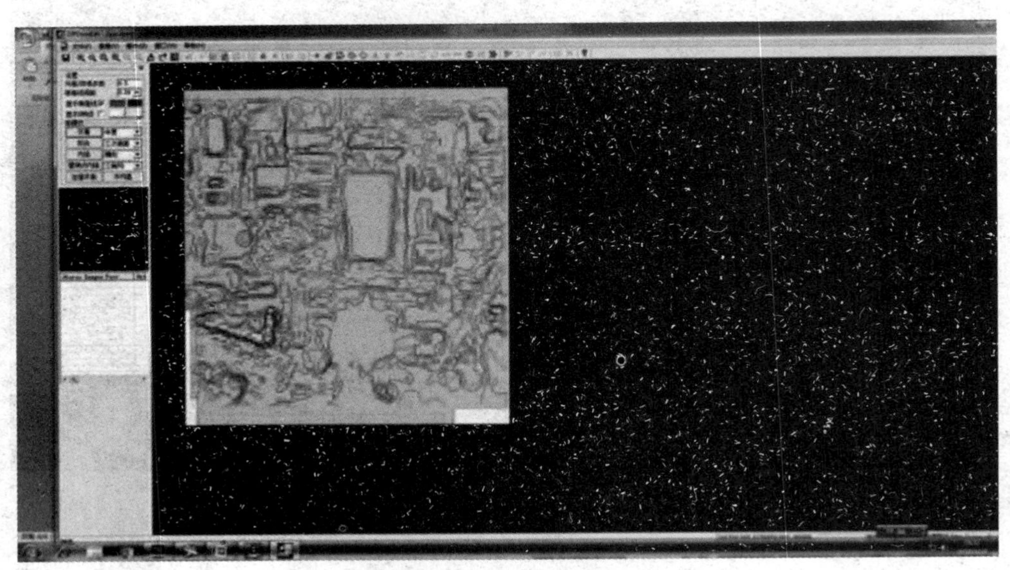

图 5-9　DEM 编辑界面

DEM 编辑界面中包含设置面板、面操作面板、模型列表界面。

1. 设置面板(图 5-10)

升高/降低步距：增加和减少的步距设置，单位为米。

等高线间距：等高线间距设置，单位为米。

显示等高线：是否显示等高线及等高线颜色设置，颜色分别对应首曲线和计曲线。

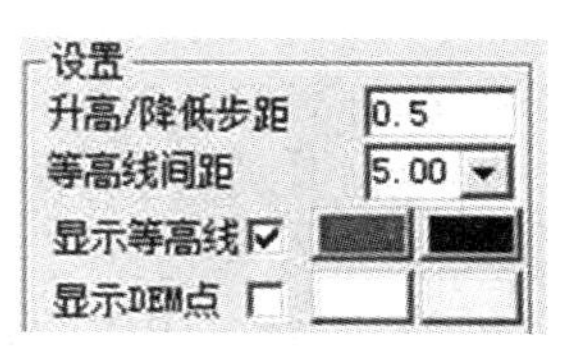

图 5-10　设置面板

显示 DEM 点：是否显示 DEM 格网点及格网点的颜色设置。

2. 面操作面板(图 5-11)

平滑：选择要编辑的区域，然后在右边的下拉列表中选择合适的平滑程度(轻度、中度和强度)，再单击“平滑”按钮即可对所选区域进行平滑。

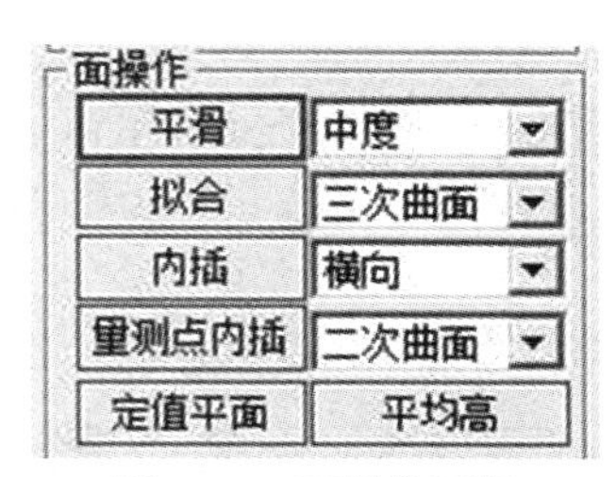

图 5-11　面操作面板

拟合：选择要编辑的区域，然后在右边的下拉列表中选择合适的拟合算法(平面、二次曲面和三次曲面)，再单击“拟合”按钮即可对所选区域进行拟合。

内插：选择要编辑的区域，然后在右边的下拉列表中选择“横向”或“纵向”，再单击“内插”按钮，即可对区域内的 DEM 点按所选方向进行插值。

量测点内插：选择要编辑的区域，再按下工具条上的添加量测点按钮量测一些供内插用的量测点(选择区域和量测点时应切准地面，即在立体模式下量测点位时，应使测标的高度和地面高度保持一致)，然后在右边的下拉列表中选择合适的插值方式(三角网或二次曲面)，再单击“量测点内插”按钮即可。

定值平面：选择要编辑的区域，单击“定值平面”按钮，在系统弹出的对话框内输入高程值，则当前编辑范围内所有 DEM 点按此给定值赋高程。

平均高：先选择要编辑的区域，再单击“平均高”按钮即可将所选区域设置为水平面，其高程为所选区域中各 DEM 点高程的平均值。

3. 模型列表面板(图 5-12)

测区的立体影像对。

Stereo Images Pair	Fly
01-156_50mic.jpg-01-...	238C
02-164_50mic.jpg-02-...	200C

图 5-12　模型列表面板

当 DEM 存在如下几种情况时，需要对其进行编辑：

(1)影像中大片纹理不清晰的区域或没有明显特征的区域。如湖泊、沙漠和雪山等区域可能会出现大片匹配不好的点，需要对其进行手工编辑。

(2)由于影像被遮盖和有阴影等原因，使得匹配点不在正确的位置上，需要对其进行手工编辑。

(3)城市中的人工建筑物，山区中的树林等影像，它们的匹配点不是地面上的点，而是地物表面上的点，需要对其进行手工编辑。

(4)大面积平地、沟渠和比较破碎的地貌等区域的影像，需要对其进行手工编辑。编辑的具体步骤如下：

第一，导入测区影像模型。

在模型列表面板中，右键打开浮动菜单，如图 5-13 所示，选择“测区”，可以将相应测区的影像模型全部导入，双击选择的立体像对，可以进入立体显示状态，如图 5-14 所示，需使用立体镜进行观测。

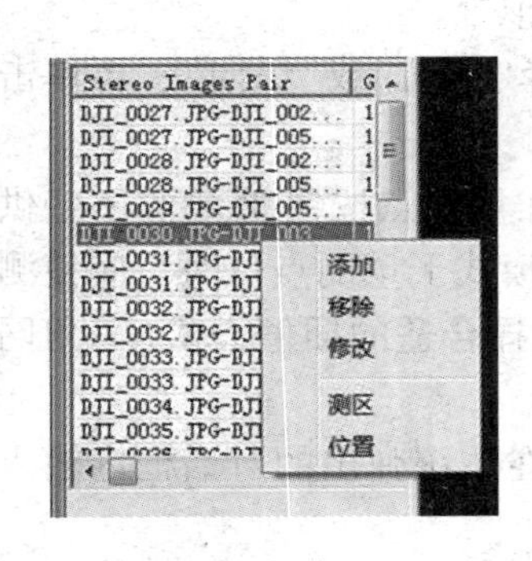

图 5-13　浮动菜单

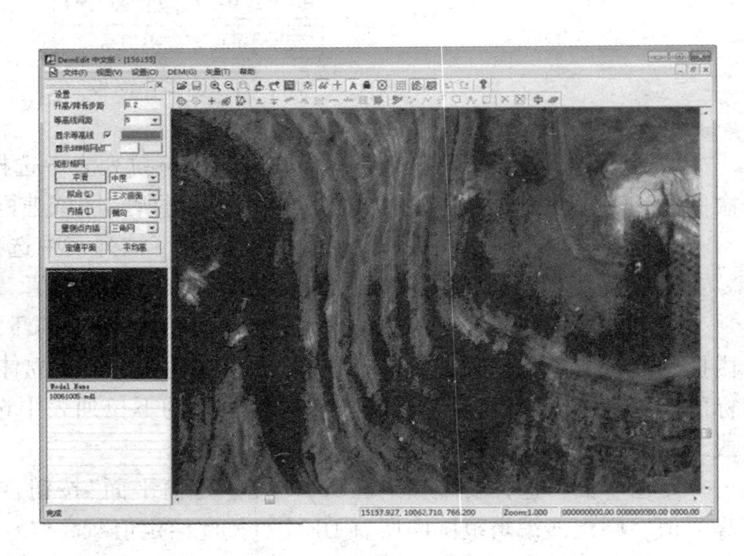

图 5-14　立体显示模式

第二，设置编辑窗口中的显示选项。

设置键盘、鼠标滚轮的高程调节步距，编辑窗口中的测标选项、等高线和 DEM 点的显示状态等。

第三，定义编辑范围。

编辑范围的定义有以下几种方法：

a. 选择矩形区域。

在编辑窗口中按住鼠标左键拖曳出一个矩形框，松开左键，矩形区域中的格网点显示，即选中了此矩形区域。

b. 选择多边形区域。

用鼠标点下工具按钮 ，激活使用鼠标定义多边形作业范围状态，然后在编辑窗口中依次用鼠标左键单击多边形节点，定义所要编辑的区域，单击鼠标右键结束定义作业目标，将多边形区域闭合，格网点呈显示状态，即表示选中了此多边形区域，如图 5-15 所示。

c. 选择任意形状区域。

在按住鼠标右键的状态下拖动鼠标，系统将显示测标经过的路径，松开鼠标右键结束定义作业目标，将此路径包围的区域闭合，格网点显示，即表示选中了此区域。

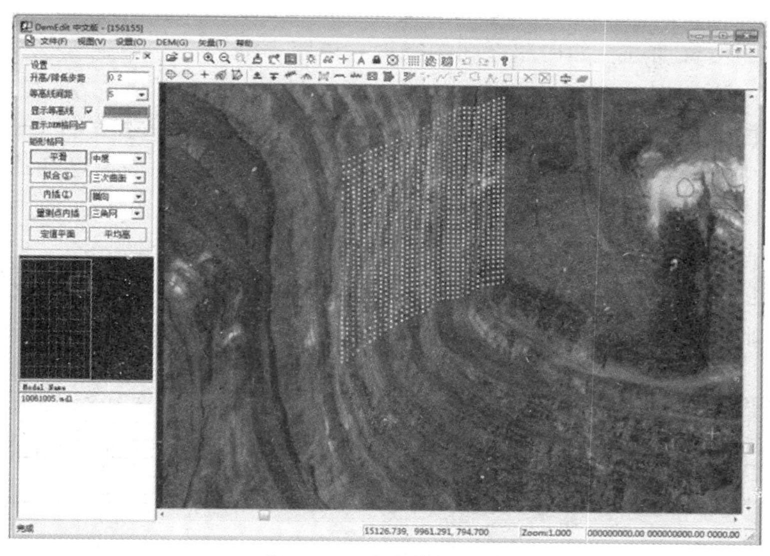

图 5-15　选中编辑区域

4. 选择编辑方法

对所要编辑的区域选中后指定合适的编辑参数和方法进行编辑，最终目标是以将 DEM 格网点切准地面为准。

5. 保存编辑结果并退出

编辑完成后，在如图 5-9 所示的 DEM 编辑界面窗口中单击"文件"→"保存 DEM"菜单项(或点击工具条上的保存 DEM 按钮)存盘。存盘之后，选择"文件"→"退出"菜单项(或直接点击 DEM 编辑界面窗口右上角的按钮)退出 DEM 编辑模块。

6. 常见编辑方法用法举例

(1)独立树和独立房屋

由于匹配点都在地物表面上，而不是在地面上引起的 DEM 问题，编辑时显示树或房屋表面覆盖了等高线，看上去像小山包一样。选择该区域，小面积可采用平滑或平面拟合；若范围较大，由于是独立的地物，在周边的 DEM 点是正确的情况下，可使用 DEM 点内插的方式进行处理。

(2)水田、池塘等小面积水域

水面上由于没有纹理，常常匹配错误，引起 DEM 的问题。首先应用测标切准水面，读取水面高程(若有外业实地测量得到的高程，应使用外业值)，然后选择该水域，使用定值平面功能直接指定该水域内的 DEM 点的高程值。

(3)城区或大片相连房屋

城区或大片相连房屋与独立房屋情况不同，某栋房屋的周边 DEM 点大多落在相邻房屋的房顶等处，不能简单地使用 DEM 点内插功能；同时由于该地区面积较大，地面高度一般也有起伏，直接选中整个区域作置平或内差也是不可取的。此时应使用 DEM 的量测点内差功能。

注：使用量测点内差功能时，除了在该区域周边加量测点外，还应在区域内部，能看到并切准地面的位置加点，如房屋之间的空地、道路上等。

(4)植被茂密的地域

植被茂密的地域指的是完全无法观测到地面的情况，此时只有先将 DEM 点编辑至树顶，然后再选中此区域，整体下降一个树高。通常使用此功能时应有已知的树高值或控制点坐标作为参考。

(5)需精确表示的破碎地貌

如果原先的 DEM 表示精度不够，而该地区地貌比较破碎，很难用区域编辑的方法达到编辑要求，此时应使用单点编辑的功能。

5.3.4　VirtuoZoNet DEM(卫星影像)生成实习指导

1. 在图 4-6 所示的 VirtuoZoNet 桌面界面中，打开卫片匹配点云生成 DEM 工具，选择已有工程文件“ * . vsp”，出现如图 5-16 所示的界面。读入工程文件路径、显示立体像对。

影像在引入时已经过预处理：若经过预处理则勾选此项，反之则不勾选。

高程范围获取方式：选择高程范围的获取范围，程序提供三种方式：从加密点获取、从全球 SRTM 自动获取及自定义。

最大高程：最大高程值。

高程范围获取方式如果选择“从全球 SRTM 自动获取”方式，SRTM 获取的是一个概略值，所以选择此方式后要将最小、最大高程相应地向外扩一些，防止有些区域高程超出范围。可以输入地形特征文件，没有的话，直接点击“开始”，开始进行匹配 DSM。

2. 在图 4-6 所示的 VirtuoZoNet 桌面界面上单击“DEM”编辑工具“按钮”，系统弹出 DEMEditPlus 窗口，如图 5-17 所示。

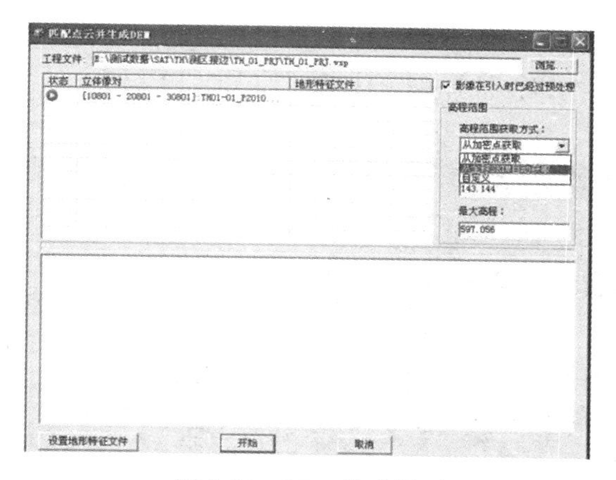

图5-16 DEM生成界面

图5-17 DEMEditPlus界面

(1)点击“文件”→“打开”，打开DEM，如图5-18所示。

图5-18 显示打开的DEM

(2)进行 DEM 粗略编辑。先选择一个编辑区域，再针对此区域进行编辑。在工具栏上，点击“选择区域”按钮，选择编辑区域，如图 5-19 所示。

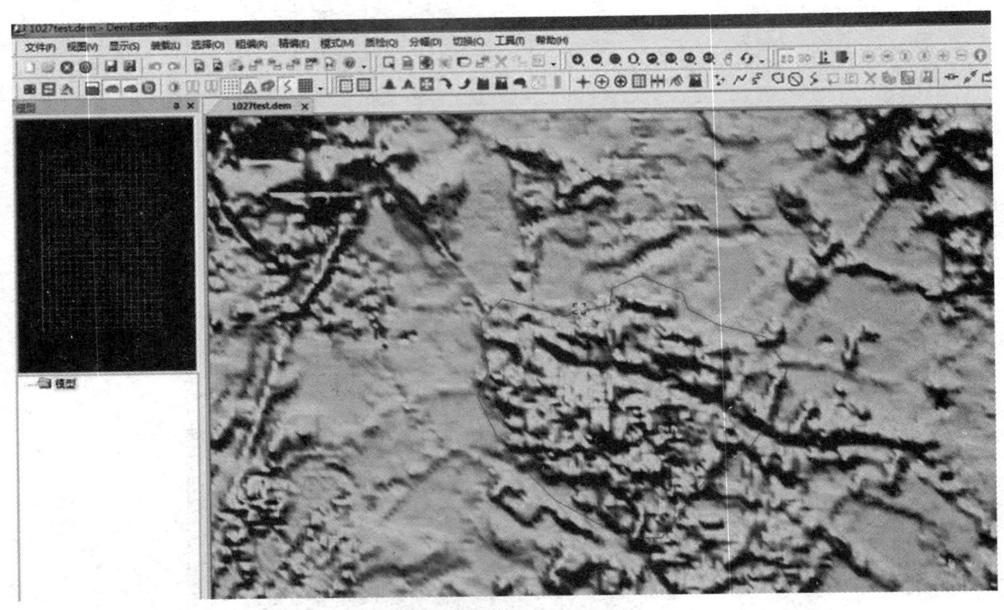

图 5-19　编辑区域选择

选择好编辑区域后，点击工具栏上的粗编工具栏。

平滑：首先在立体视图窗口中选中要平滑的区域，然后在窗口右边的面编辑窗口(如图 5-20 所示)中选择一种平滑方式(轻度、中度和强度)，选中区域的格网点会执行平滑操作。

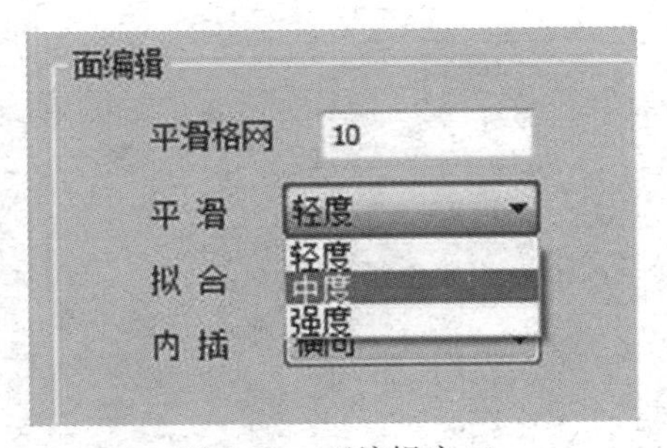

图 5-20　面编辑窗口

拟合：首先在立体视图窗口中选中要拟合的区域，然后在窗口右边的面编辑窗口中选择一种拟合方式(平面、二次曲面和三次曲面)，则选中区域的格网点会执行拟合操作。

内插：首先在立体视图窗口中选中要内插的区域，然后在窗口右边的面编辑窗口中选择一种内插方式(横向、纵向)，则选中区域的格网点会执行内插操作。

降低：首先在立体视图窗口中选中要升高的区域，点击“降低”按钮，则选中区域的格网点会执行降低操作。

升高：首先在立体视图窗口中选中要升高的区域，点击“升高”按钮，则选中区域的格网点会执行升高操作。升高步距大小为“升、降步距”，在窗口右边的参数设置(如图 5-21 所示)中设置相关步距的数值。

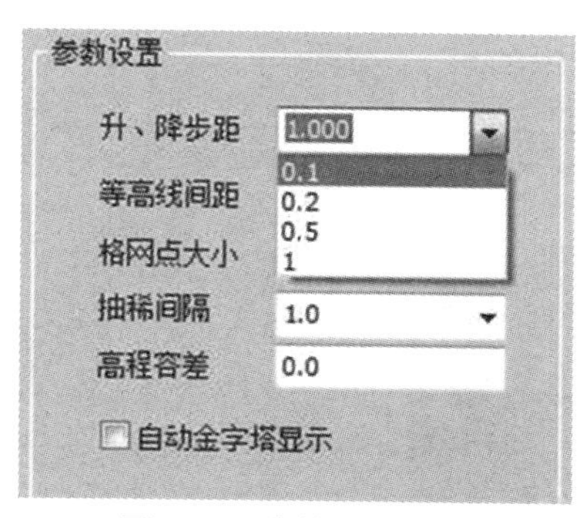

图 5-21　参数设置面板

平均高：首先在立体视图窗口中选中要操作的区域，点击“平均高”按钮，则选中区域的格网点会执行平均高操作。

定值平面：首先在立体视图窗口中选中要操作的区域，点击“定值平面”按钮，系统弹出输入框(如图 5-22 所示)，输入需要指定的高程值，则选中区域内所有 DEM 格网点高程变成指定高程值。

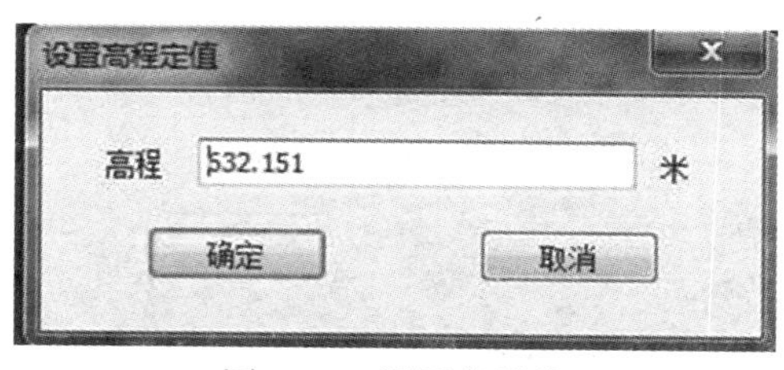

图 5-22　设置高程值

填充替换：选中该按钮，并使用鼠标左键点击圈选需要编辑的 DEM 区域，右键结束后会弹出填充替换菜单，如图 5-23 所示。

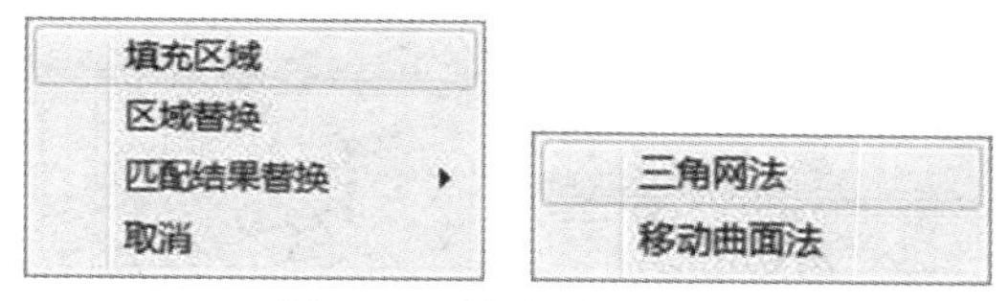

图 5-23　填充替换菜单

填充区域：弹出定值高程对话框，在该对话框中输入指定高程，则区域内的 DEM 格网点高程都变成指定高程。

区域替换：弹出 DEM 选择对话框，选择指定的 DEM 路径后，选中区域的 DEM 格网点高程会被指定 DEM 路径中 DEM 格网点的高程替换。

匹配结果替换：可以选择三角网法和移动曲面法重新计算该区域的 DEM 格网点高程。

(3)进行 DEM 立体编辑。在模型列表中，单击右键，弹出菜单，选择“添加模型”，如图 5-24 所示，对已加载到模型列表中的模型双击打开模型，如图 5-25 所示。

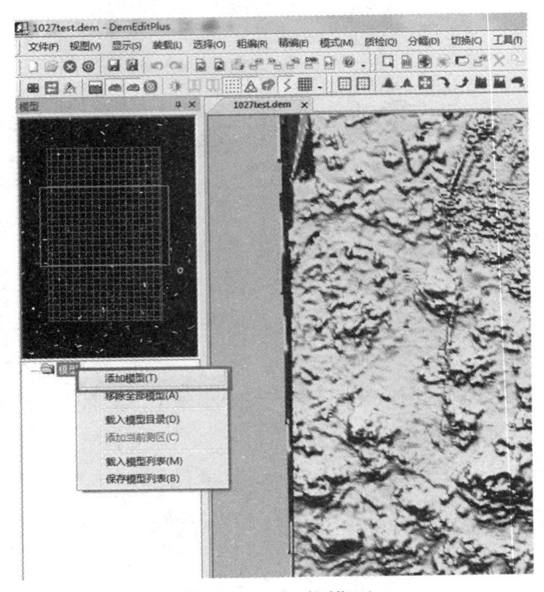

图 5-24　加载模型

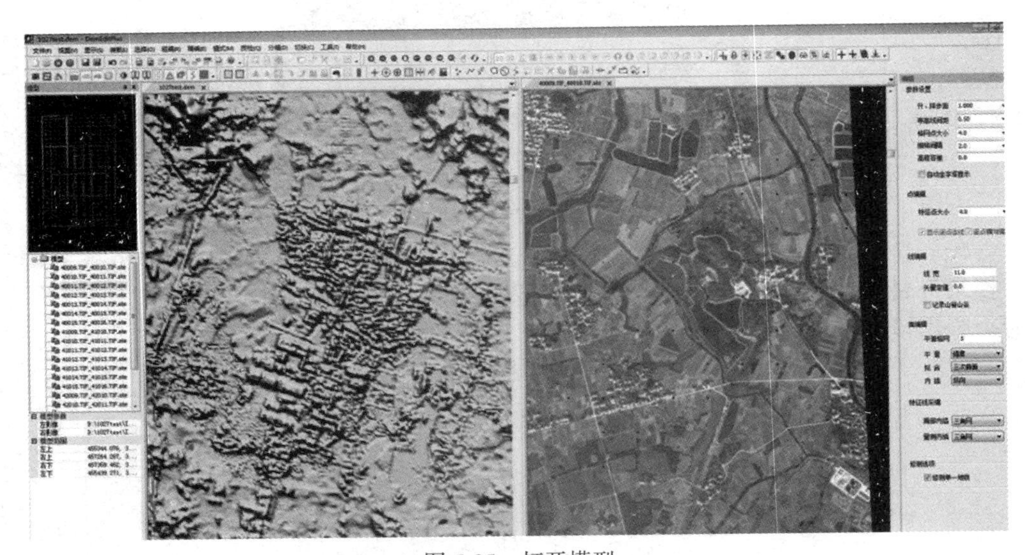

图 5-25　打开模型

在工具栏上，点击“选择区域”按钮，选择编辑区域，如图 5-26 所示。选择好编辑区域后，点击工具栏上的精编工具栏。

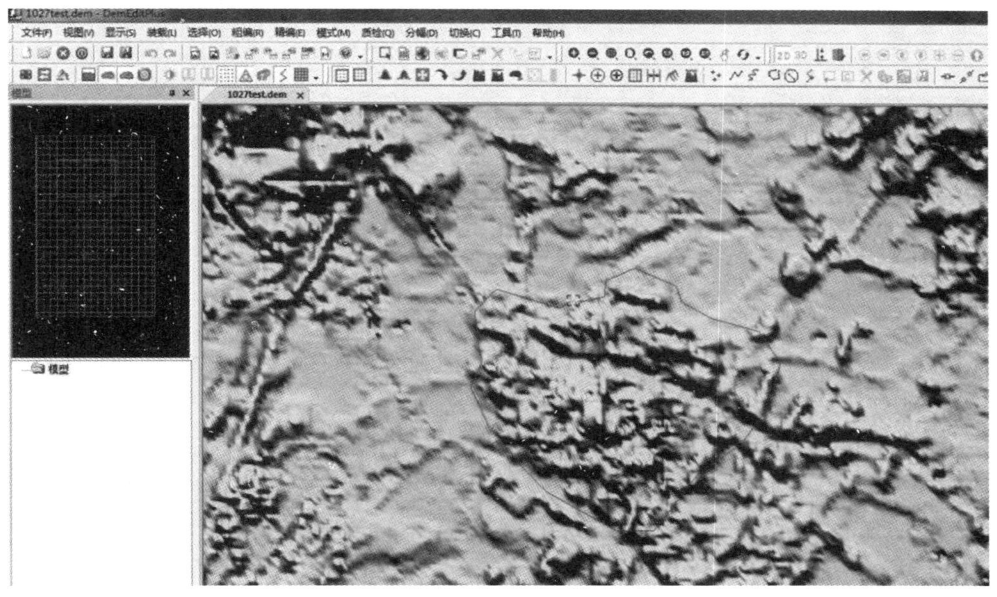

图 5-26 编辑区域选择

单点调整：移动光标到需要进行编辑 DEM 格网点所在的位置，该点会自动被选中且颜色会变成选中点(显示→颜色设置→选中点)的颜色，使用鼠标的滚轮增加或减少该点高程；每次高程的变化，由升、降步距(面编辑窗口→升、降步距)的值决定；可以使用←、→、↑、↓选中左边、右边、上边、下边的点。按 ESC 键退出编辑。

特征点编辑：特征点编辑是采集一个准确的点，将八边形光标中的其他点根据采集点来线性调整，认为采集点和八边形边界的点为准确点，然后内插得到其他点。按 ESC 键退出编辑。

定值点编辑：定值点编辑是设置一个高程，然后移动八边形光标至要编辑的区域，八边形光标中的点的高程被调整同光标的高程一致，滑动鼠标滚轮升高(降低)该光标的高程；每次高程的变化由升、降步距(编辑窗口→升、降步距)的值决定。按 ESC 键退出编辑。

逐点编辑：在立体窗口中使用鼠标左键或右键，框选要进行编辑的区域，该区域的第一个点会变成当前编辑点，滑动鼠标滚轮升高(降低)该点高程，在选中区域外，单击鼠标左键或外设左键当前编辑点，会切换到下一个点。支持左键双击选择需要编辑的点开始编辑，在选中区域内单击鼠标左键，则会将在选中区域内并离光标位置最近的 DEM 格网点作为当前编辑点，选中逐点横向编辑，则当前编辑点会进行横向切换，反之则会进行纵向切换；如果进行了抽稀，则中间未显示的点会根据周围点内插得出。按 ESC 键退出编辑。

（4）DEM 分幅输出。DEM 编辑完成后，根据不同的生产需求可以进行分幅裁切，点击“分幅”菜单项，如图 5-27 所示。

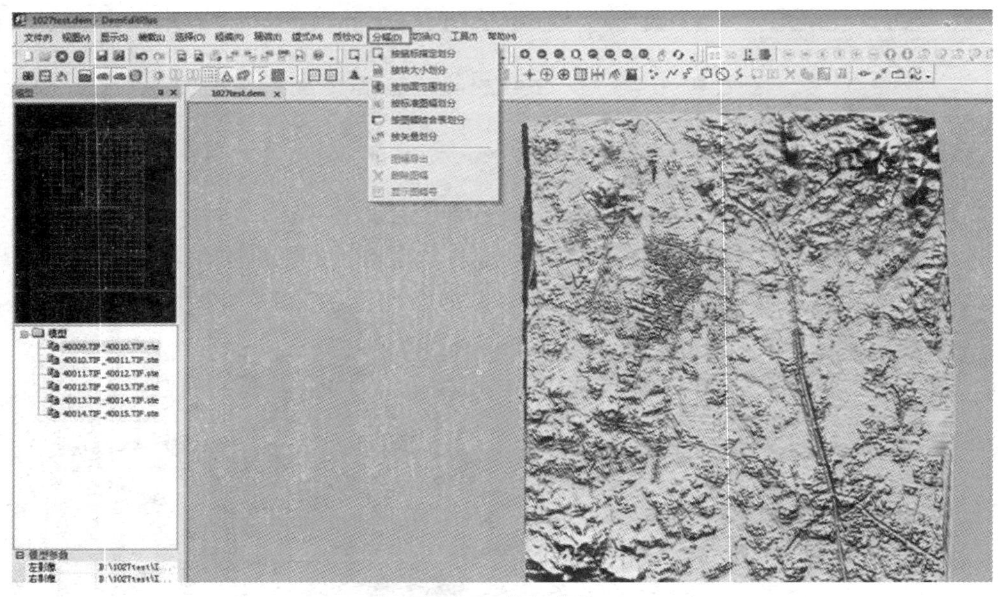

图 5-27　分幅菜单

在分幅菜单项中，选择“按块大小划分”（以此分幅方式举例），弹出“按块大小划分”设置窗口，根据需求输入相应参数，如图 5-28 所示，设置完毕后，点击“确认”，在晕渲图上显示分幅情况，如图 5-29 所示。

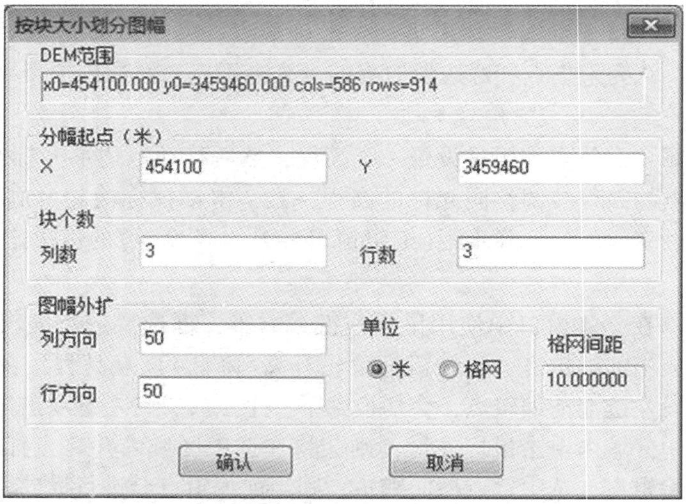

按块大小划分图幅
DEM范围
x0=454100.000 y0=3459460.000 cols=586 rows=914
分幅起点（米）
X 454100　Y 3459460
块个数
列数 3　行数 3
图幅外扩
列方向 50
行方向 50
单位
米　格网
格网间距
10.000000
确认　取消

图 5-28　分幅参数设置

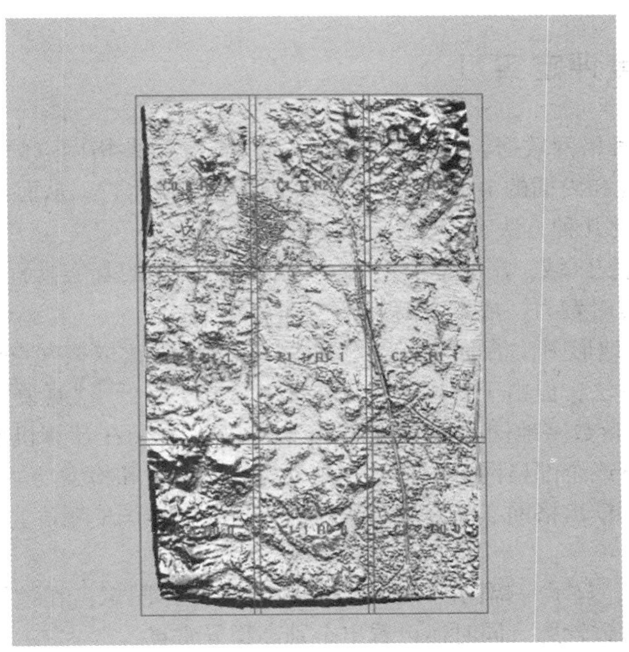

图 5-29　分幅图显示

鼠标放置在图幅上，单击鼠标右键，选择“图幅全选”后，再选择“图幅导出”，如图 5-30 所示，可以输出分幅图。

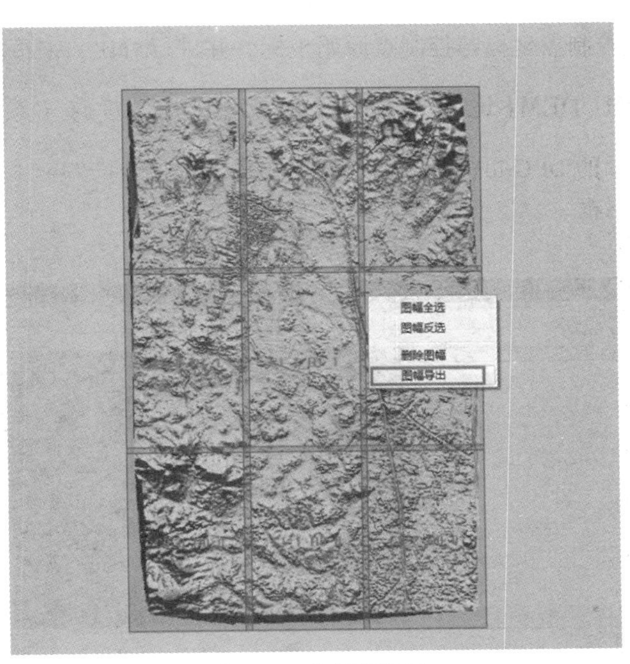

图 5-30　分幅图输出

5.4 DEM 精度评定实习

DEM 数据是一种格网数据，检查 DEM 精度是指检查这些格网点的高程精度，即用格网点上地面实际高程和内插的 DEM 对应格网点高程值进行比较，从而评定它的精度。

DEM 精度评定的几种方法有：

(1)选取典型地貌区域，用实地测量的方法测出格网点的真实高程值。这种方法无疑比较准确，但是太费时费力，成本太高。

(2)利用出版的地形图，借助一些读图工具，在地图上读取格网点的真实高程值。这是一种行之有效的方法，但由于各人的视觉估计有差异，降低了“真值”的可信度。

(3)对于利用矢量数字地图插值生成的 DEM 数据，采用在计算机监视器上显示矢量地图，同时显示部分或全部格网点位置，利用计算机的放大和检索功能，用人机交互方式在计算机监视器上判读出格网点的真实高程值，矢量数字地图的精度直接影响这种检查方法的可信度。

(4)立体图检查，显示一幅图的 DEM 数据的三维立体图像，在该图像上也可以看出本幅图的地形走向大致轮廓，同时还可看出个别高程异常点。

5.4.1 实习目的与要求

了解 DEM 精度评定的几种方法。

5.4.2 实习内容

利用 DEM 获取控制点坐标与控制点原始坐标，并进行对比，来检验 DEM 的精度。

5.4.3 DPGridEDU DEM(适用无人机、航空影像)精度评定实习指导

在如图 3-18 所示的 DPGridEDU 主界面上，单击“DEM 生产”→“DEM 质量检查”，弹出如图 5-31 所示对话框。

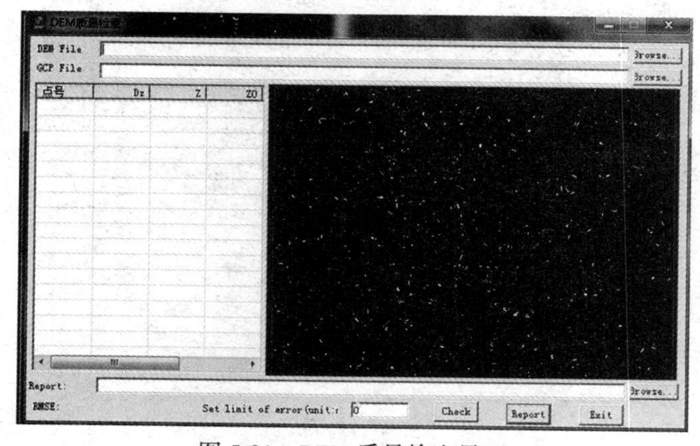

图 5-31　DEM 质量检查界面

通过浏览按钮打开 DEM 文件和控制点或加密点文件，在界面左侧列表中即可显示每一个点的误差，如图 5-32 所示。

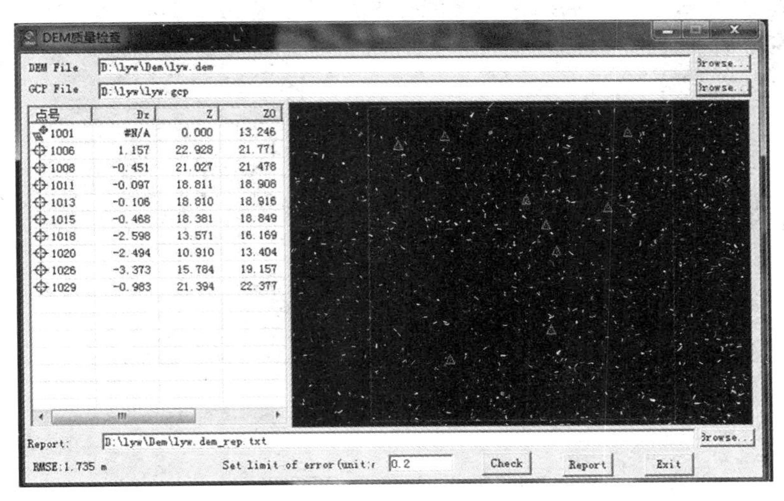

图 5-32　控制点分布和误差显示图

DEM File：弹出文件对话框，选择要进行检查的 DEM 文件。

GCP File：弹出文件对话框，选择要进行检查的控制点或加密点文件。

Report：弹出文件对话框，选择检查结果报告的保存路径和文件名。

Set limit of error：设置限差，单位为米，误差超过限差的点标示为，误差小于限差的点标示为 。

Check：更改限差后，重新进行精度检查。

Report：输出检查结果。

Exit：退出程序。

单击"Report"，质检报告保存在工程目录下 dem 文件夹中，后缀为".dem_rep"。

5.4.4 VirtuoZoNet DEM(适用卫星影像)精度评定实习指导

在 VirtuoZoNet 的 DEMEditPlus 窗口中点击"质检"→"导入控制点"，系统弹出控制点文件选择对话框，如图 5-33 所示，选择指定的控制点文件，点击"打开"，文件内的控制点则会导入到系统中，同时会在控制点窗口中对控制点做相应的属性显示。导入控制点后，控制点列表如图 5-34 所示，差值前带 * 的为超限点，选中一行或多行数据，点击"删除"，则数据从列表中移除；点击"生成报告"，系统弹出保存 DEM 质检报告对话框，选择文件路径和保存文件名并保存，生成 DEM 质检报告文件。

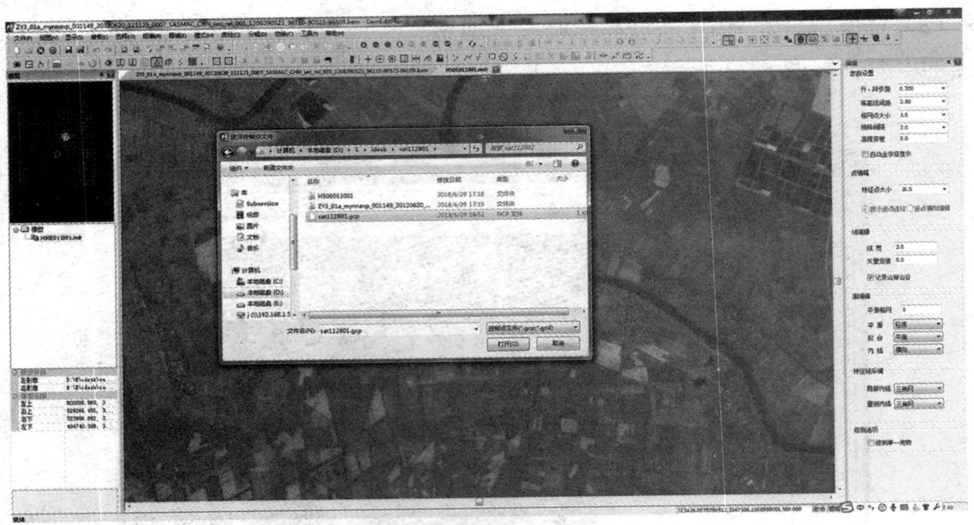

图 5-33　导入控制点对话框

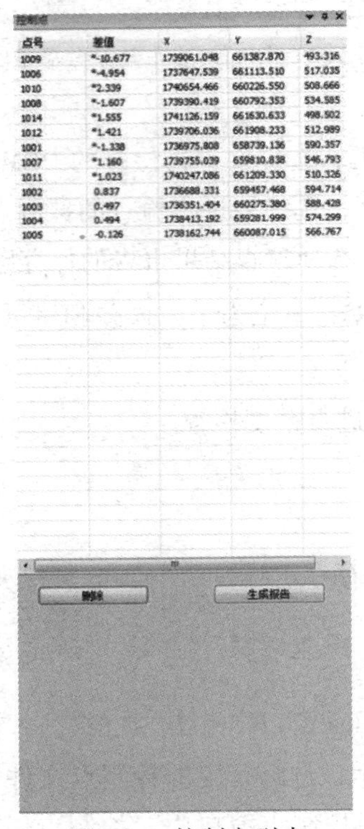

点号	差值	X	Y	Z
1009	*-10.677	1739061.048	661387.870	493.316
1006	*-4.954	1737647.539	661113.510	517.035
1010	*2.339	1740654.466	660226.550	508.666
1008	*-1.607	1739390.419	660792.353	534.585
1014	*1.555	1741126.159	661630.633	498.502
1012	*1.421	1739706.036	661908.233	512.989
1001	*-1.338	1736975.808	658739.136	590.357
1007	*1.160	1739755.039	659810.838	546.793
1011	*1.023	1740247.086	661209.330	510.326
1002	0.837	1736688.331	659457.468	594.714
1003	0.497	1736351.404	660275.380	588.428
1004	0.494	1738413.192	659281.999	574.299
1005	-0.126	1738162.744	660087.015	566.767

图 5-34　控制点列表

◎ 参考文献：

张剑清，潘励，王树根．摄影测量学[M]．武汉：武汉大学出版社(第二版)，2017.

第 6 章　数字正射影像

6.1　正射影像的制作原理与方法[1]

用线划图表示实际的地物、地貌通常并不直观，而航空影像或卫星影像才能最真实、最客观地反映地表面的一切景物，具有十分丰富的信息。然而航空影像或卫星影像并不是与地表保持相似的、简单的缩小，而是中心投影或其他投影构像。因此，这样的影像存在是由于影像倾斜和地形起伏等引起的变形。如果能将它们纠正为既有正确平面位置又保持原有丰富信息的正射影像，则对于地球科学研究和人类利用是十分有价值的。

传统的摄影测量是利用光学方法制作正射影像，例如在模拟摄影测量中，应用纠正仪将航摄像片纠正成为像片平面图，在解析摄影测量中，利用正射投影仪制作正射影像地图。随着近代遥感技术中许多新的传感器出现，产生了不同于经典的框幅式航摄像片的影像，使得经典的光学纠正仪器难以适应这些影像的纠正任务，而且这些影像中有许多本身就是数字影像，不便使用这些光学纠正仪器。使用数字影像处理技术，不仅便于影像增强、反差调整等，而且可以非常灵活地应用到影像的几何变换中，形成数字微分纠正技术。根据有关的参数与数字地面模型，利用相应的构像方程式，或按一定的数学模型用控制点解算，从原始非正射投影的数字影像获取正射影像，这种过程是将影像化为很多微小的区域逐一进行，且使用的是数字方式处理，故叫做数字纠正。

数字微分纠正其本质是实现两个二维图像之间的几何变换，首先要确定原始影像与纠正后的图像之间的几何关系。设任意像元在原始图像和纠正后图像中的坐标分别为(x, y)和(X, Y)，它们之间存在着映射关系：

$$x=f_x(X, Y);\quad y=f_y(X, Y) \tag{6-1}$$

$$X=F_x(x, y);\quad Y=F_y(x, y) \tag{6-2}$$

公式(6-1)是由纠正后的像点坐标(X, Y)出发反求其在原始图像上的像点坐标(x, y)，这种方法称为反解法(或称为间接解法)。而公式(6-2)则反之，它是由原始图像上像点坐标(x, y)解求纠正后图像上相应点坐标(X, Y)，这种方法称为正解法(或称直接解法)。在数控正射投影仪中，一般是利用正解公式(6-2)解求缝隙两端点(X_1, Y_1)和(X_2, Y_2)所对应的像点坐标(x_1, y_1)和(x_2, y_2)，然后由计算机解求纠正参数，通过控制系统驱动正射投影仪的机械、光学系统，实现线元素的纠正。在数字纠正中，则是通过解求对应像元的位置，然后进行灰度的内插与赋值运算。

下面结合将航空影像纠正为正射影像的过程分别介绍正解法与反解法的数字微分纠正。

1. 反解法数字微分纠正

(1)计算地面点坐标

设正射影像上任意一点(像素中心)P 的坐标为(X'，Y')，由正射影像左下角图廓点地面坐标(X_0，Y_0)与正射影像比例尺分母 M，计算 P 点所对应的地面坐标(X，Y)，如图 6-1 所示。

$$
\begin{aligned}
X &= X_0 + M \cdot X' \\
Y &= Y_0 + M \cdot Y'
\end{aligned}
\tag{6-3}
$$

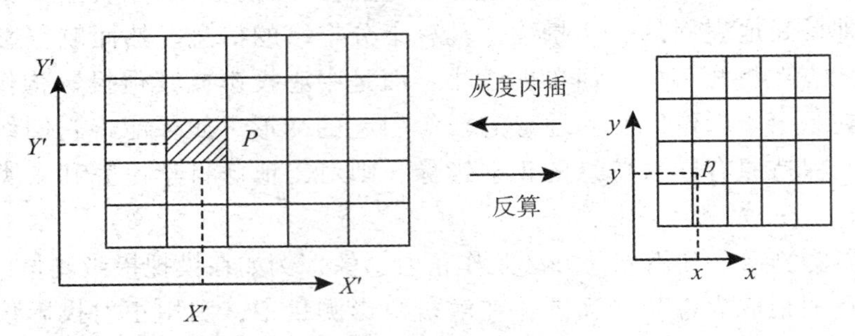

图 6-1　反解法数字纠正

(2)计算像点坐标

应用反解公式(6-1)计算原始图像上相应像点坐标 $p(x, y)$，在航空摄影情况下，反解公式为共线方程：

$$
\left.
\begin{aligned}
x - x_0 &= -f\frac{a_1(X - X_s) + b_1(Y - Y_s) + c_1(Z - Z_s)}{a_3(X - X_s) + b_3(Y - Y_s) + c_3(Z - Z_s)} \\
y - y_0 &= -f\frac{a_2(X - X_s) + b_2(Y - Y_s) + c_2(Z - Z_s)}{a_3(X - X_s) + b_3(Y - Y_s) + c_3(Z - Z_s)}
\end{aligned}
\right\}
\tag{6-4}
$$

式(6-4)中，Z 是 P 点的高程，由 DEM 内插求得。

(3)灰度内插并赋值

由于所求得的像点坐标不一定正好落在像元素的中心，为此必须进行灰度内插，可采用双线性内插方法，求得像点 p 的灰度值 $g(x, y)$。并将像点 p 的灰度值赋给纠正后的像元素 P。

$$
G(X, Y) = g(x, y) \tag{6-5}
$$

2. 正解法数字微分纠正

正解法数字微分纠正的原理如图 6-2 所示，它是从原始图像出发，将原始图像上逐个像元素，用正解公式(6-2)求得纠正后的像点坐标。这一方案存在着很大的缺点，即在纠正后的图像上，所得的像点是非规则排列的，有的像元素内可能出现“空白”(无像点)，而有的像元素可能出现重复(多个像点)，因此很难实现灰度内插并获得规则排列的数字影像。

另外，在航空摄影测量情况下，其正算公式为

$$
\begin{aligned}
X &= Z \cdot \frac{a_1x + a_2y - a_3f}{c_1x + c_2y - c_3f} \\
Y &= Z \cdot \frac{b_1x + b_2y - b_3f}{c_1x + c_2y - c_3f}
\end{aligned}
\tag{6-6}
$$

利用上述正算公式，还必须先知道 Z，但 Z 又是待定量 X，Y 的函数，为此，要由 x，y 求得 X，Y 必须先假定一近似值 Z_0，求得(X_1，Y_1)后，再由 DEM 内插得该点(X_1，Y_1)处的高程 Z_1；然后又由正算公式求得(X_2，Y_2)，如此反复迭代，如图 6-3 所示。因此，由正解公式(6-6)式计算 X，Y，实际是由一个二维图像(x，y)变换到三维空间(X，Y，Z)的过程，它必须是个迭代求解过程。

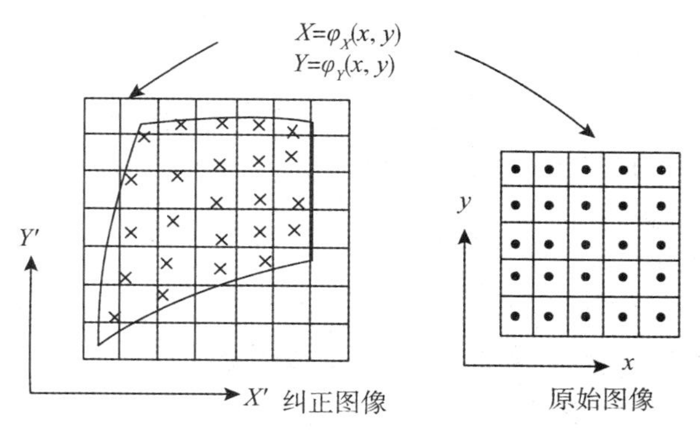

图 6-2 正解法数字纠正

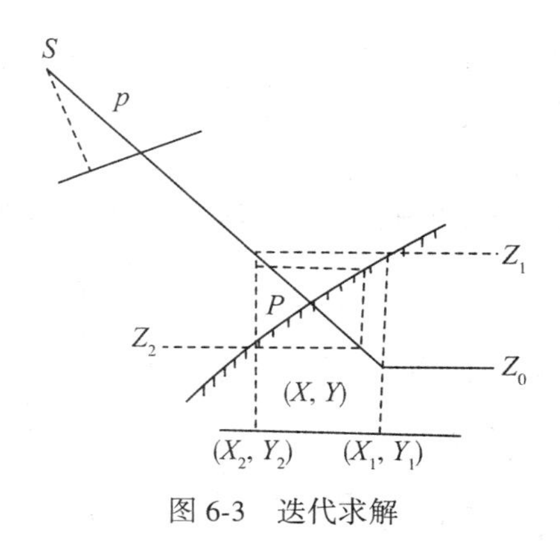

图 6-3 迭代求解

本教程采用 DPGridEdu 软件中的 DOM 生成模块(适用无人机、航空影像)，VirtuoZoNet 软件中的 DOM 生成模块(适用卫星影像)，具体的流程如图 6-4 所示。

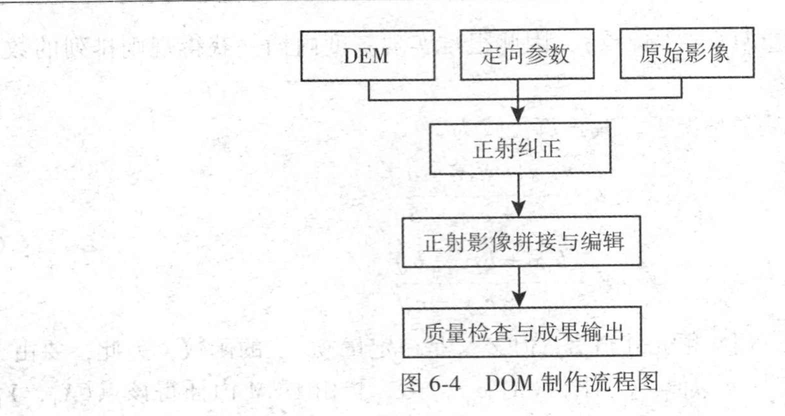

图6-4　DOM制作流程图

6.2 正射影像的制作实习

6.2.1 实习目的与要求

1. 理解正射影像制作原理、方法和流程；
2. 理解正射影像拼接原理、方法和流程。

6.2.2 实习内容

1. 按照影像定向结果和DEM生产正射影像；
2. 合理选择拼接线，按照正确的拼接方法将多幅正射影像拼接成整体正射影像；
3. 利用PS进行正射影像修补。

6.2.3 DPGridEdu DOM(适用无人机、航空影像)生成实习指导

生成DEM之后，即可进行正射影像的生产。在DPGridEDU主界面上，单击“DOM生产”→“正射生产”，系统弹出图6-5所示的界面：

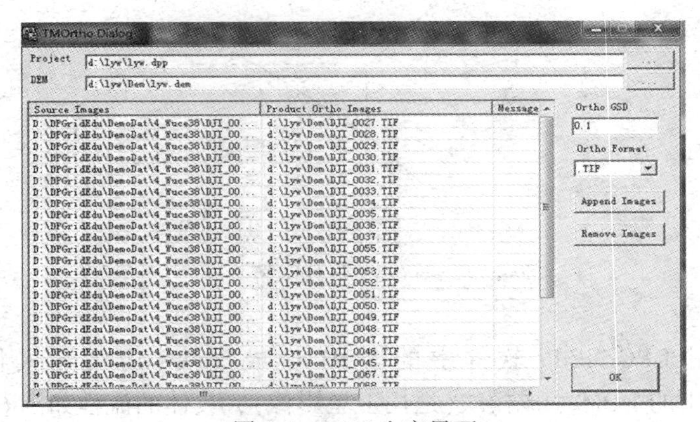

图6-5　DOM生产界面

Project：显示当前所处理工程。

DEM：正射生产时使用的 DEM 名称及其存储路径。

Ortho GSD：正射影像的地面分辨率。

Ortho Format：正射影像格式，支持四种格式的输出，分别是“*.tif”“*.orl”“*.dpr”“*.bbi”。

Append Images：添加待处理的影像。

Remove Images：移除已添加的影像。

OK：保存当前设置，并开始进行处理。

正射影像生产的成果为单张正射影像，保存在工程目录下 DOM 文件夹内，以影像名称命名。

在 DPGridEDU 主界面上，单击“DOM 生产”→“正射拼接”，系统弹出 DPMzx 窗口，如图 6-6 所示。

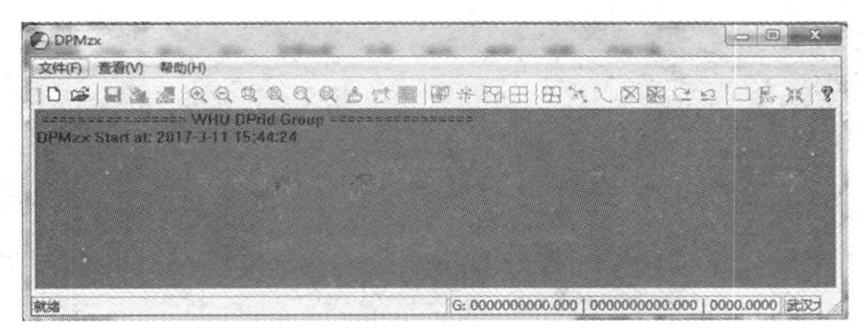

图 6-6 DOM 拼接界面

单击“文件”→“新建”菜单，弹出新建工程对话框，如图 6-7 所示，设置工程路径和工程参数，点击“确定”按钮，即可新建一个拼接工程并进入拼接工程界面，如图 6-8 所示。

图 6-7 DOM 参数设置

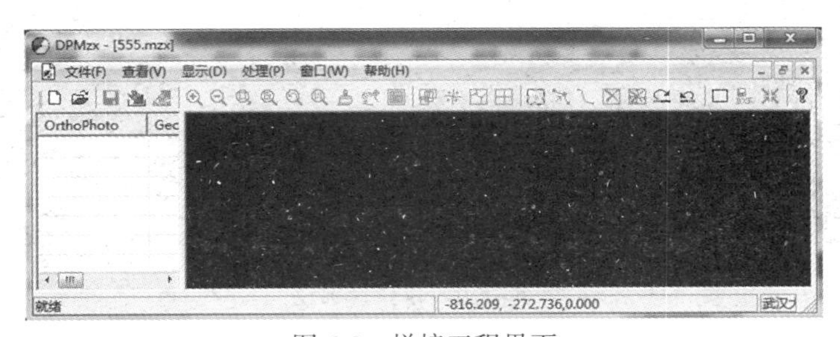

图 6-8 拼接工程界面

具体拼接过程如下：

1. 添加影像

单击“文件”→“添加影像”，或者单击工具栏上的添加影像，在系统弹出的打开对话框中选择需要进行拼接的正射影像文件，然后单击“打开”按钮，窗口中即显示正射影像，如图 6-9 所示。

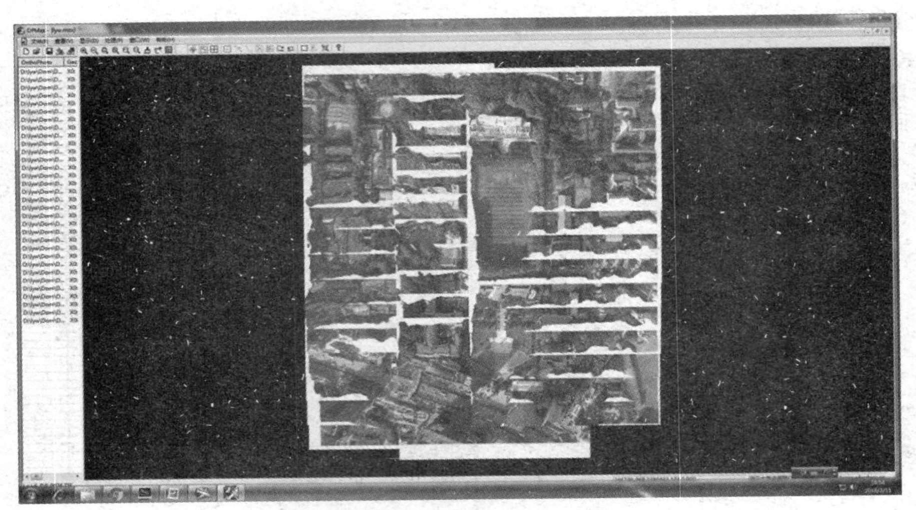

图 6-9　DOM 显示

2. 生成拼接线并编辑

单击“处理”→“生成拼接线”，或者单击工具栏上的生成拼接线，即生成了红色的拼接线，如图 6-10 所示。

图 6-10　拼接线显示

单击“处理”→“编辑拼接线”菜单项，或者使用工具栏上的编辑拼接线或，开始用鼠标编辑拼接线。用鼠标移动或者添加拼接线上的节点，拼接线变化后即可查看拼接效果。通过调整拼接线使拼接线两边的影像过渡更自然，色差更小。

3. 拼接处理

单击“处理”→“拼接影像”，或者使用工具栏上的拼接影像，系统弹出拼接成果保存窗口，如图 6-11 所示。指定成果保存路径及名称即可进行拼接输出。拼接成果格式默认为“ *. dpr”，同时也支持“ *. orl”“ *. lei”“ *. tif”格式。

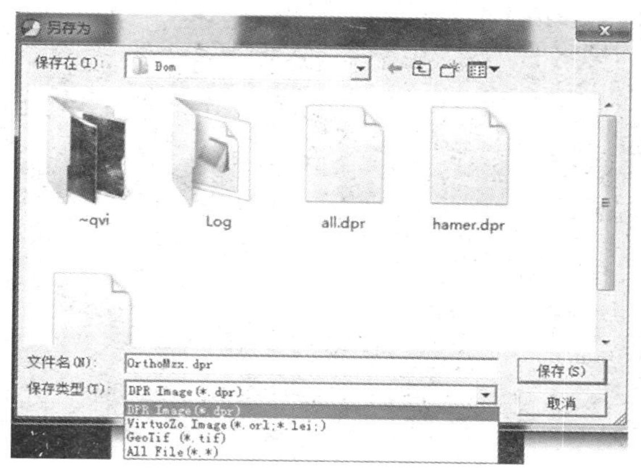

图 6-11 拼接影像存储

DPGridEDU 提供了正射影像编辑功能，可交互式的对正射影像的部分或全部进行 Photoshop 处理、DEM 重纠、参考影像替换及匀光匀色处理等操作，使正射影像成果达到要求。

在 DPGridEDU 主界面上，单击“DOM 生产”→“正射编辑”，系统进入 DPDomEdt 界面，如图 6-12 所示。

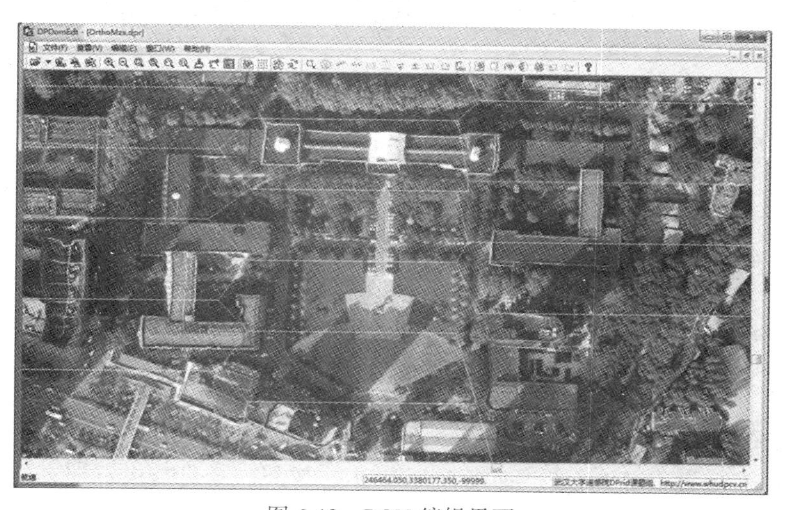

图 6-12 DOM 编辑界面

进入界面后，系统会默认打开工程目录下 DOM 文件夹内<测区名称>. dpr 文件，若要编辑其他影像，则单击“文件”→“打开”，找到待编辑的影像打开即可。

具体操作过程如下：

1. 引入 DEM 数据

单击“文件”→“载入 DEM”，系统弹出图 6-13 所示的界面，找到当前测区下的 DEM 文件，单击“打开”，DEM 以等高线的方式显示在正射影像上。

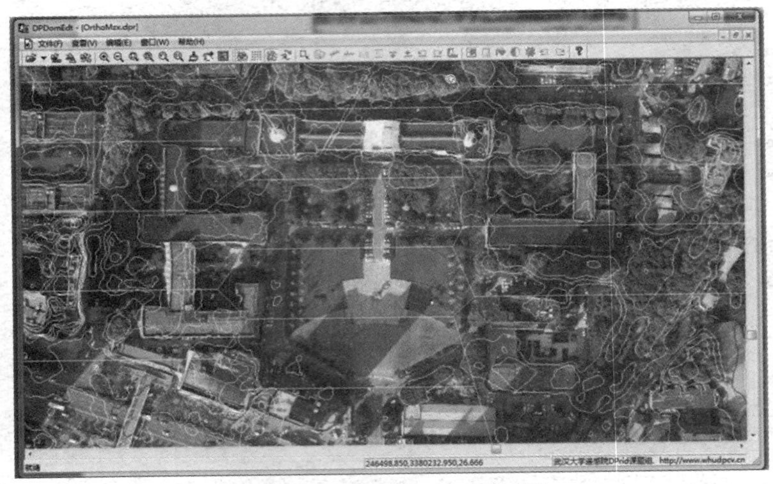

图 6-13　DEM 和 DOM 叠加图

2. 打开 DP 测区

为了使用 DEM 重纠影像功能，需要引入当前 DPGridEDU 测区文件。单击“文件”→“载入 DP 测区”，软件提示图 6-14 所示的界面，找到当前测区的工程文件并打开即可。

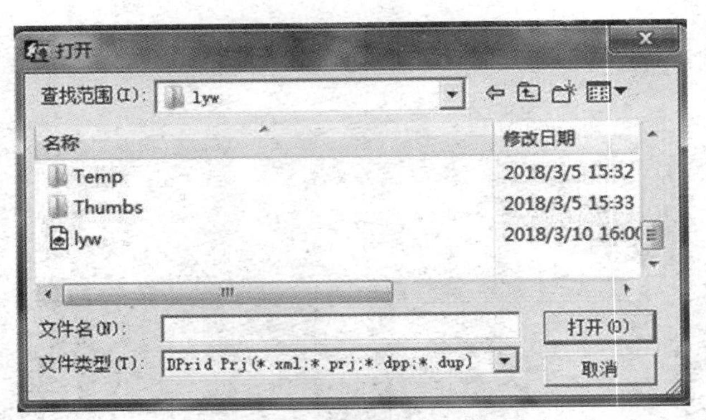

图 6-14　测区工程文件

3. DEM 参数设置

单击工具 设置 DEM 参数，如图 6-15 所示，按照需要进行设置即可。

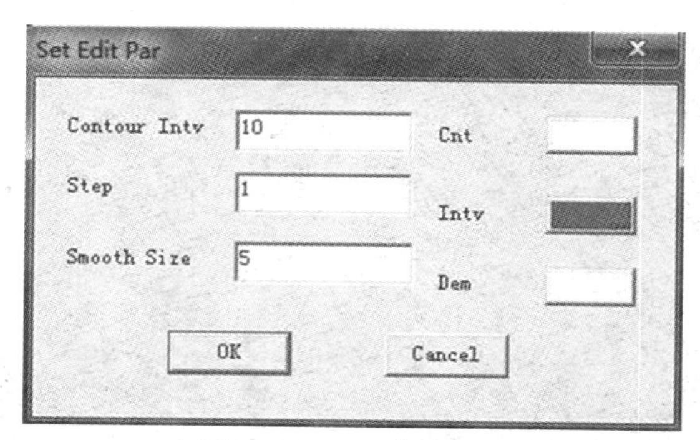

图 6-15 DEM 参数设置

Contour Intv：等高距，单位为米。

Step：步距，单位为米。

Smooth Size：平滑尺度。

4. 定义编辑范围

(1)框选范围

单击编辑选择区域，也可使用工具：选择区域，或单击右键选择。按住左键，框选范围，松开左键，结束选择。出现红色范围线代表已选中，如图 6-16 所示。

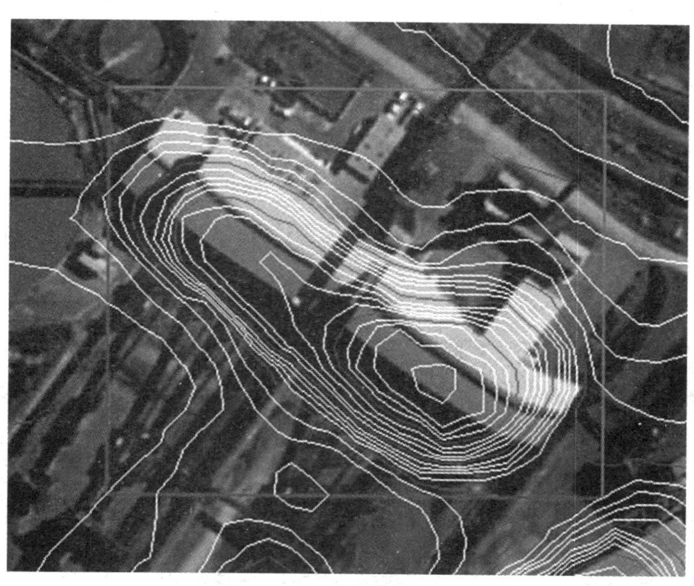

图 6-16 选择范围的显示

(2)多边形选择

单击编辑选择区域，也可使用工具：选择区域，或单击右键选择。使用鼠标左键，单击选中区域，右键结束。出现红色范围线代表已选中，如图 6-17 所示。

图 6-17　多边形选择区域显示

5. DOM 编辑

选择对应的功能进行编辑即可。

6. 常见用法举例

(1)使用 DEM 重纠影像

以房屋为例，正射影像中房屋容易出现变形，可使用 DEM 重纠影像，具体方式为：

第一，选中要编辑的房屋。

第二，使用 DEMX/Y 方向内插，对所选范围进行 DEM 内插，结果如图 6-18 所示。

第三，DEM 编辑结束后，选择“编辑”→“使用 DEM 重纠影像”，纠正后影像如图 6-19 所示。

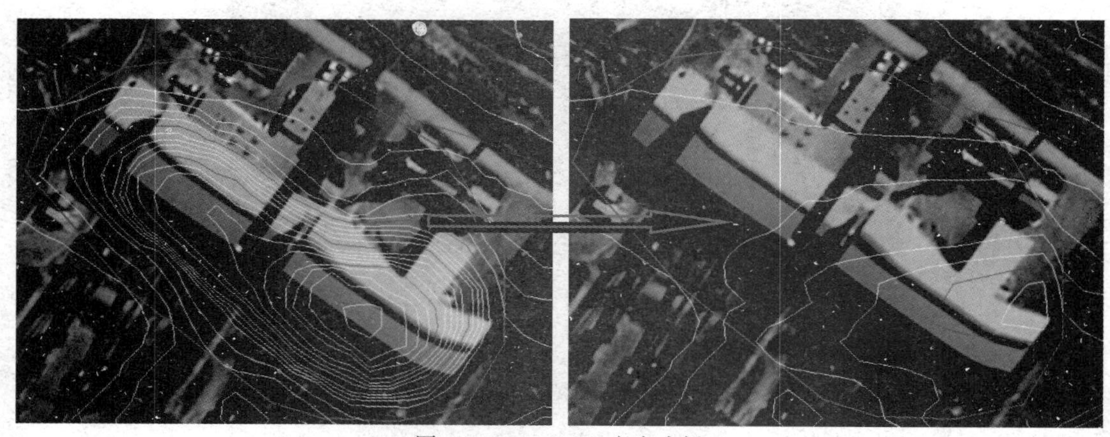

图 6-18　DEMX/Y 方向内插

图 6-19　纠正后的 DOM

(2)调用 PS 编辑

单击菜单栏中的“编辑”→“调用 PS 处理”菜单项，或者单击工具栏中的调用 PS 处理按钮。第一次调用 PS，会提示用户设置 Photoshop.exe 的路径，如图 6-20 所示。设置正确即可进入 PS 界面，如图 6-21 所示，在 PS 中处理完毕后(如图 6-22 所示)，保存退出，DPDomEdt 中影像被编辑的部分即更新了编辑结果。

Please select call command file...

查找范围(I)：Photoshop CS6

名称	修改日期	类型	大小
Required	2017/3/14 16:59	文件夹	
LogTransport2.exe	2012/3/15 2:07	应用程序	325 KB
Photoshop.exe	2012/3/15 3:20	应用程序	41,979 KB
sniffer_gpu.exe	2012/3/15 3:21	应用程序	36 KB
unins000.exe	2017/3/14 16:59	应用程序	921 KB

文件名(N)：Photoshop.exe　打开(O)

文件类型(T)：Execute Command(*.exe)　取消

图 6-20　Photoshop.exe 的路径选择

(3)用参考影像替换

选中进行修改的区域，单击菜单栏中的“编辑”→“用参考影像替换”菜单项，或者单击工具栏中的用参考影像替换，进入“复制参考影像”对话框，如图 6-23 所示。使用“添加参考影像”和“移走参考影像”按钮，可将用作参考的影像文件添加到或移出左侧的影像列表，所添加的影像必须为纠正后的单张正射影像。添加了影像后，点击“确认”按钮即可用参考影像对应部分替换所选区域，如图 6-24 所示。

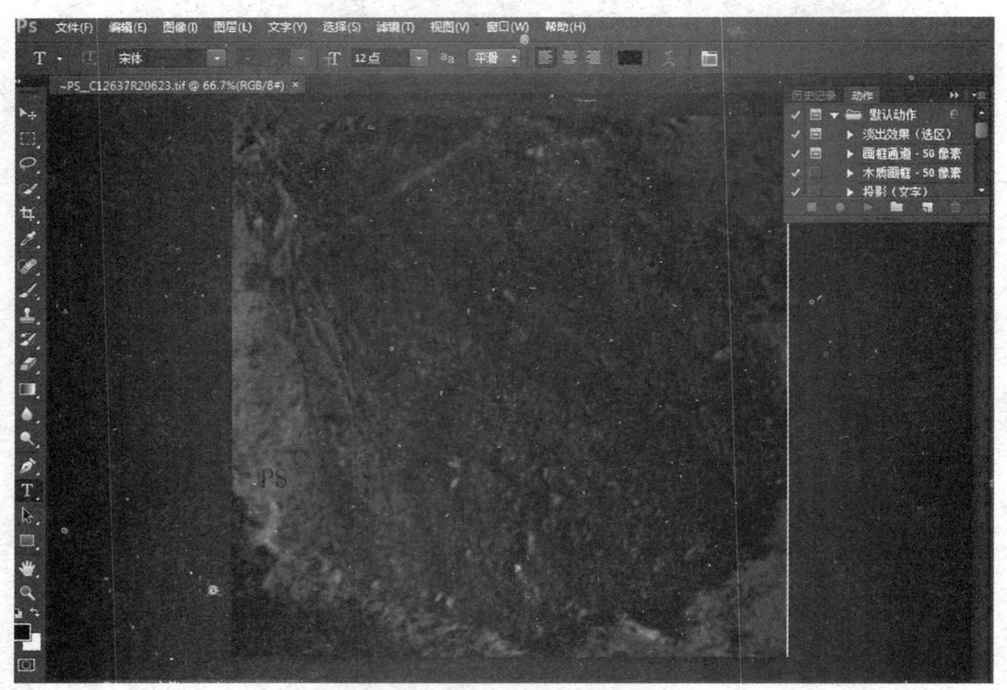

图 6-21　PS 界面

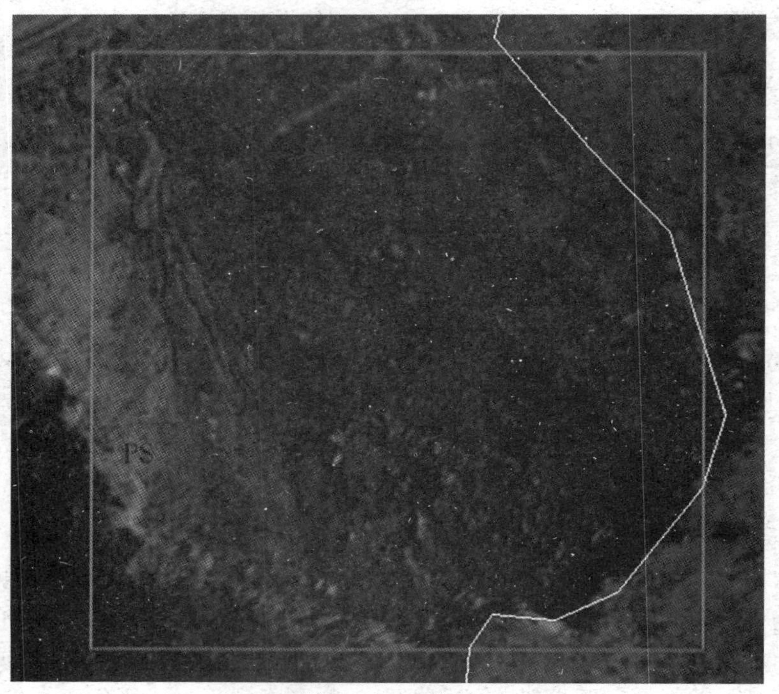

图 6-22　PS 处理

图 6-23　复制参考影像对话框

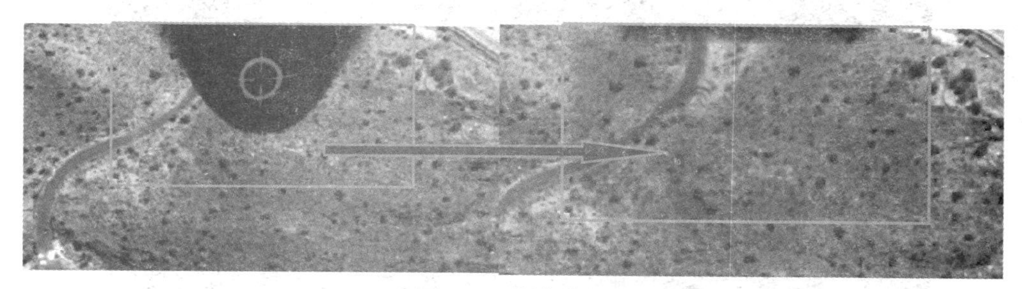

图 6-24　影像替换

(4) 区域匀光匀色

选中需要进行调整的区域，单击菜单栏中的“编辑”→“区域匀光匀色”，或使用工具“区域匀光匀色”，也可以右键选择，系统进入如图 6-25 所示的窗口，通过调整色彩相关系数与亮度相关系数进行匀光匀色，可进行结果预览，确定效果，单击“保存”即可替换该部分影像。

(5) 调整亮度对比度

单击菜单栏中的“编辑”→“调整亮度对比度”菜单项，或者单击工具栏中的“调整亮度对比度”，即可进入亮度对比度调节对话框，使用鼠标调整亮度和对比度滚动条的位置，如图 6-26 所示，单击“保存”按钮即可改变所选区域的亮度和对比度。

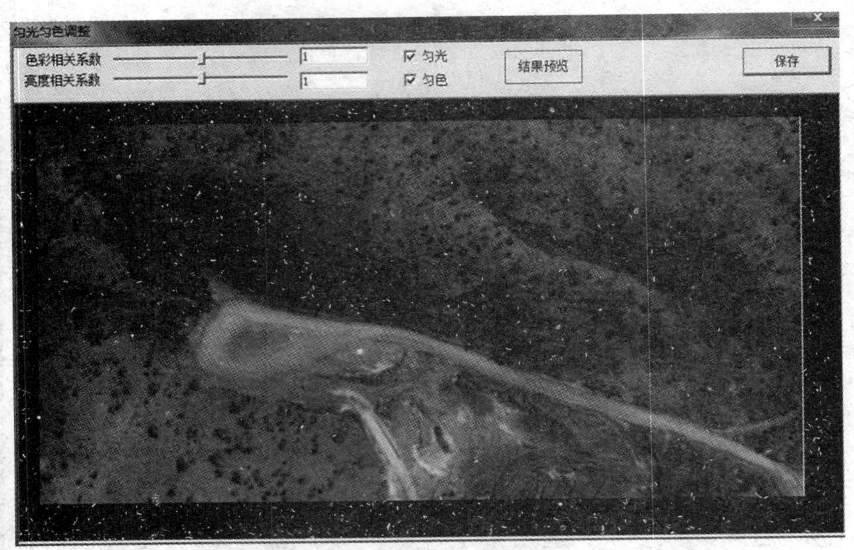

图 6-25　匀光匀色处理

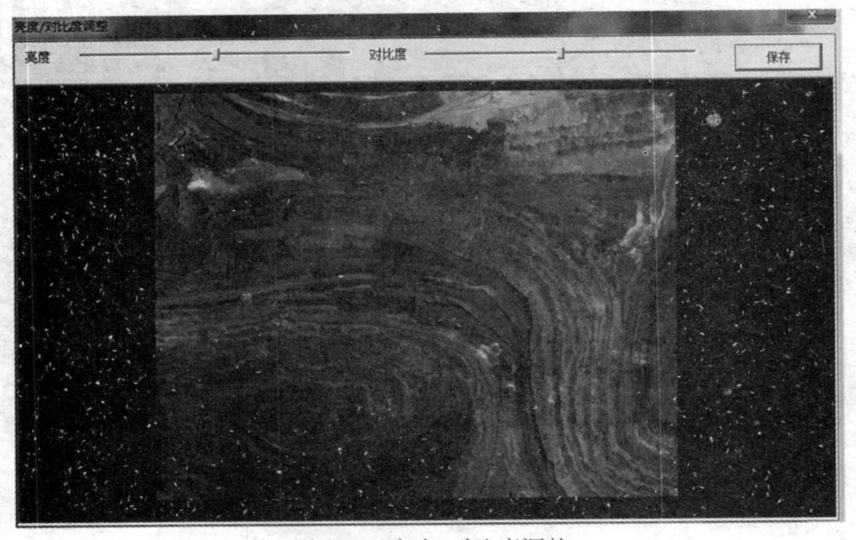

图 6-26　亮度/对比度调整

(6)用指定颜色填充

单击菜单栏中的“编辑”→“从指定颜色填充”菜单项，或者单击工具栏中的“用指定颜色填充”，在弹出的颜色对话框中选取一种颜色，单击“确定”按钮即可用该颜色填充所选区域，如图 6-27 所示。

7. DOM 分幅

在 DPGridEDU 主界面上，单击“DOM 生产”→“正射分幅”，进入到正射分幅界面，如图 6-28 所示。

图 6-27　颜色替换

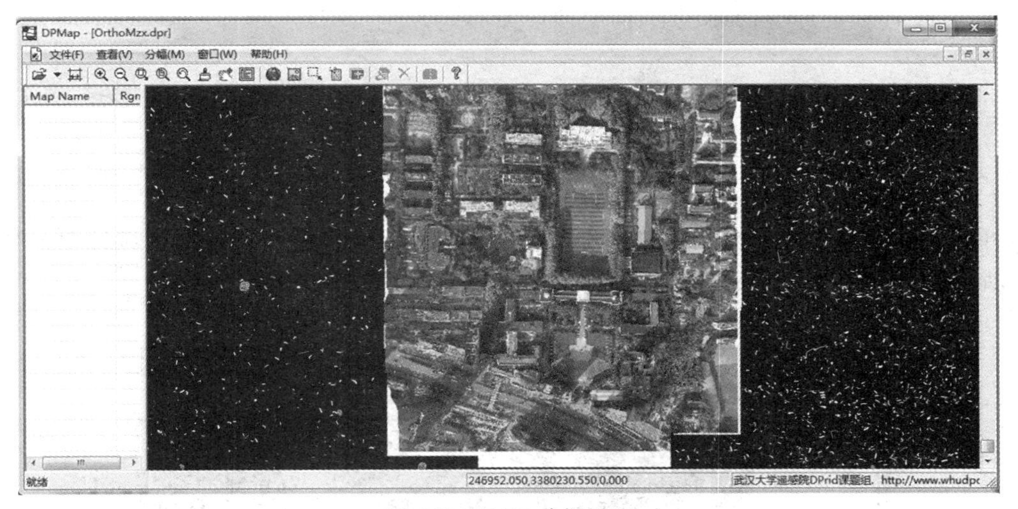

图 6-28　DOM 分幅界面

具体操作过程如下：

(1)按标准图幅划分

单击"分幅"→"按照标准图幅划分"，系统弹出如图 6-29 所示的界面，在图幅比例尺下拉栏中选择划分的比例尺，支持 1∶100000 到 1∶2000 的比例尺划分，选择图幅名的命名格式，共包含四类，分别是国标新格式、国标老格式、军标新格式以及军标老格式。

设置是否要进行图幅外扩，单位为像素，设置完成后，单击"确认"进行划分。

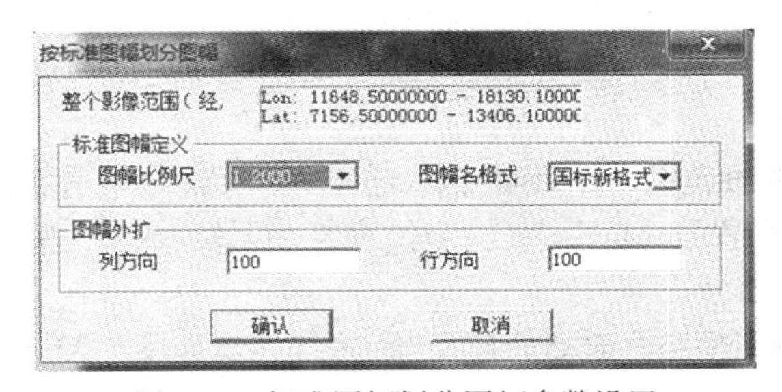

图 6-29　标准图幅划分图幅参数设置

(2)按影像大小划分

单击“分幅”→“按影像大小划分”，软件弹出如图 6-30 所示界面，设定划分的图幅包含块大小，单位为像素，设置图幅是否外扩，设置完成后，单击“确认”退出。

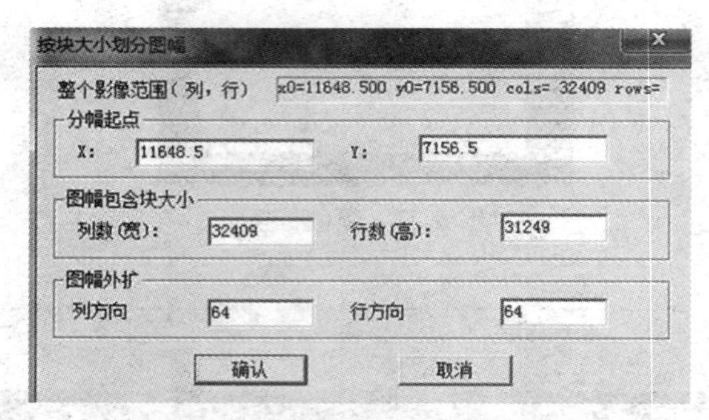

图 6-30　按影像大小划分图幅参数设置

(3)按鼠标指定划分

单击“分幅”→“按鼠标指定划分”，使用鼠标左键框选进行划分的区域即可，如图 6-31所示。

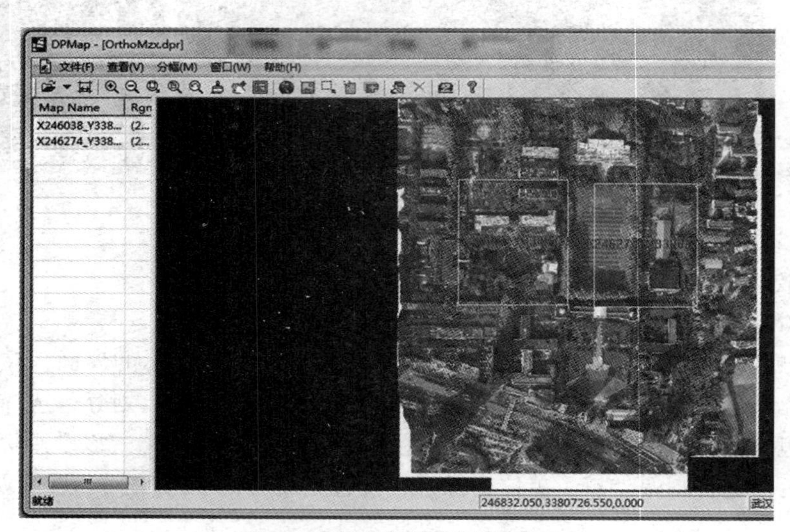

图 6-31　按鼠标指定划分图幅

(4)按地面范围划分

单击“分幅”→“按地面范围划分图幅”，软件弹出如图 6-32 所示界面，设定划分的图幅包含块大小，单位为米，设置图幅是否外扩，单位为米，设置完成后，单击“确认”退出。

(5)按图幅结合表划分

单击“分幅”→“按图幅结合表划分模型”，软件弹出如图 6-33 所示界面，选择结合表文件，支持“ *. dat”及“ *. dxf”格式，选择坐标类型，分别为经纬度坐标及投影坐标，设置是否进行外扩，单击“确认”进行划分。

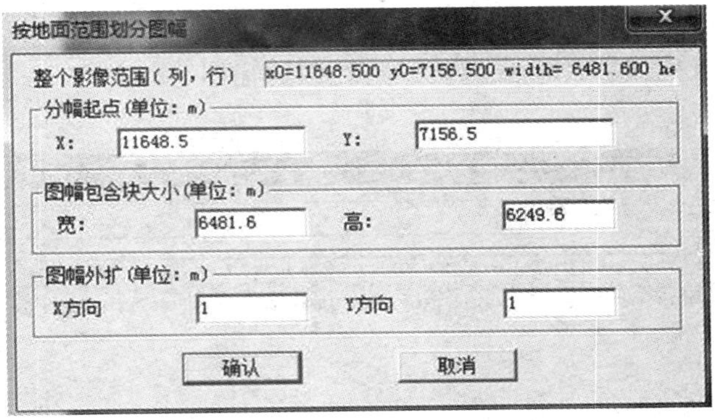

图 6-32　按地面范围划分图幅参数设置

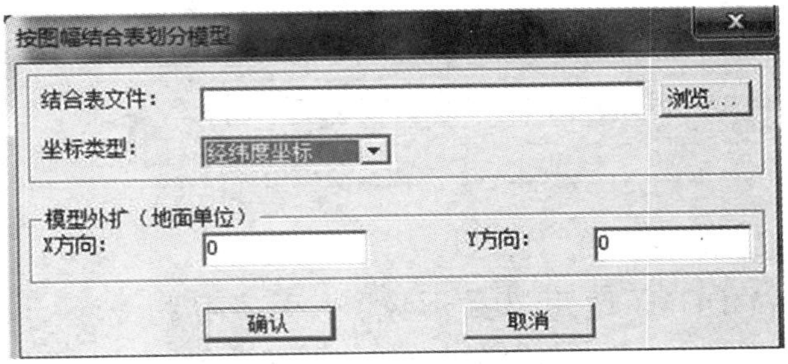

图 6-33　按图幅结合表划分图幅设置

(6)查看及修改图幅

单击“分幅”→“查看及修改图幅”，软件弹出如图 6-34 所示的界面，可在该界面中进行图幅名称及图幅大小的修改，对已修改的图幅单击“修改”，即保存当前设置。

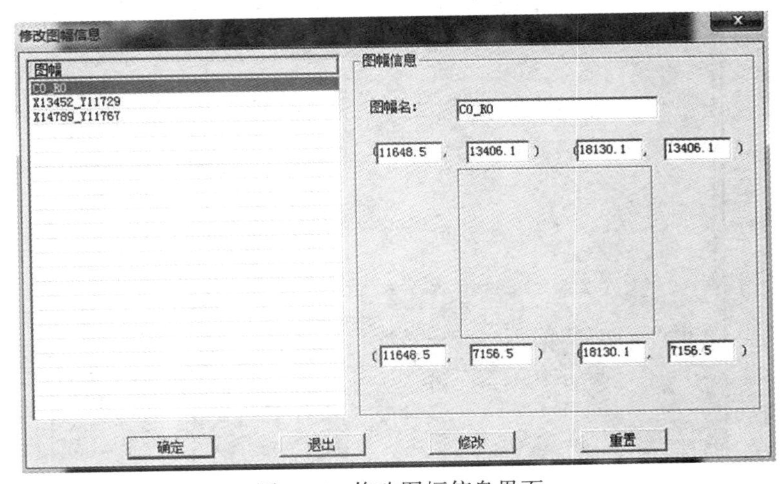

图 6-34　修改图幅信息界面

（7）划分定义图幅

划分定义图幅是对当前划分出的图幅进行裁剪输出。单击“分幅”→“划分定义图幅”，弹出如图 6-35 所示的窗口，指定输出路径及 GeoTIF 起点，包含两种方式，分别为像素边缘及像素中心，设置完成后，单击“确认”进行裁剪输出。

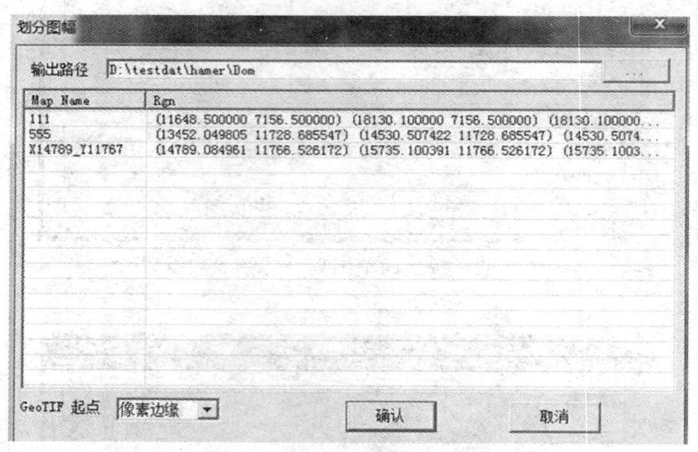

图 6-35　图幅裁剪输出界面

6.2.4　VirtuoZoNet DOM（适用卫星影像）生成实习指导

（1）在图 4-6 所示的 VirtuoZoNet 桌面界面中，打开卫片正射纠正模块（VirtuoZoNet DOM），出现如图 6-36 所示的界面，设置正射影像输出目录、地面分解率、坐标系定义文件、正射纠正方法、背景色等。

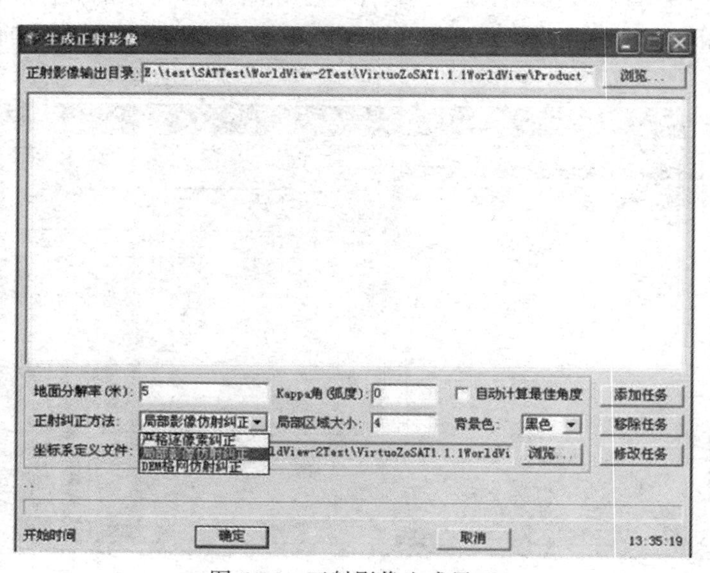

图 6-36　正射影像生成界面

点击“添加任务”，显示如图 6-37 所示界面，输入 DEM 文件路径、影像文件路径、地形特征文件路径(可不选)和正射影像名路径后，点击“确定”，如图 6-38 所示。

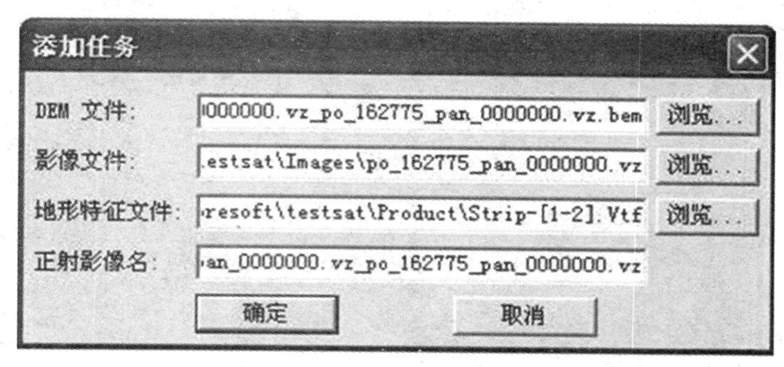

图 6-37 添加任务界面

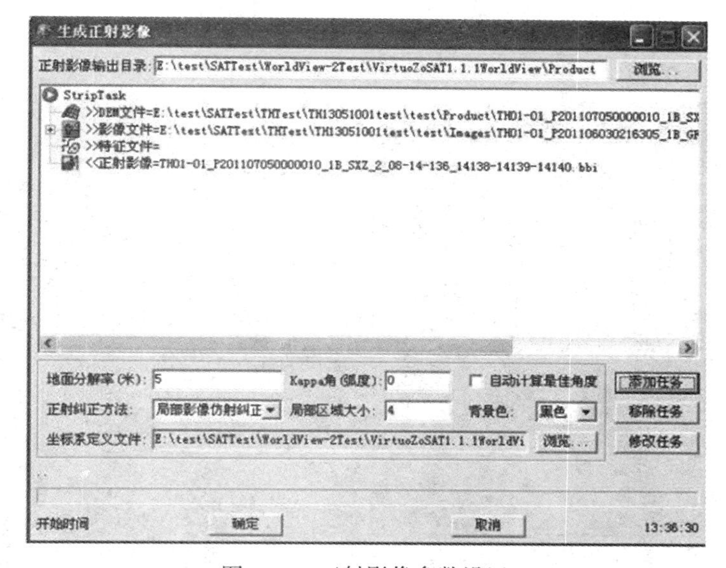

图 6-38 正射影像参数设置

点击“确定”，开始生成正射影像，VirtuoZoNet DOM 模块生成的是一幅整体的正射影像，可以根据实际需要进行裁切。

(2) 在图 4-6 所示的 VirtuoZoNet 桌面界面中，打开卫片正射影像修补模块(VzOrthoViewer)，进入界面，如图 6-39 所示。

①点击“文件”→“打开”，选择要修补的正射影像，如图 6-40 所示。

②参数设置。点击“设置”，参数设置窗口如图 6-41 所示，包括正射影像相对应的原始影像目录，纠正影像目录，相对应的 DEM 文件路径和修补时羽化的宽度，设置完毕后点击“确定”。

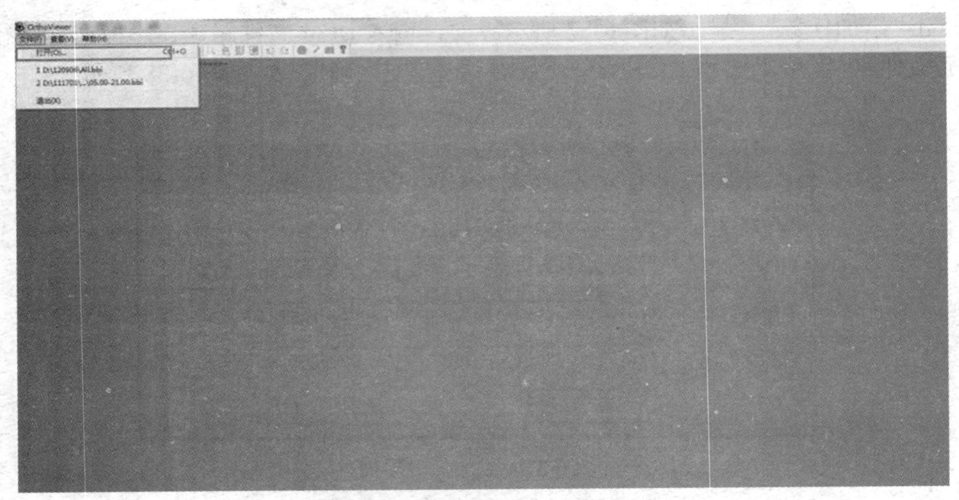

图 6-39　VzOrthoViewer 界面

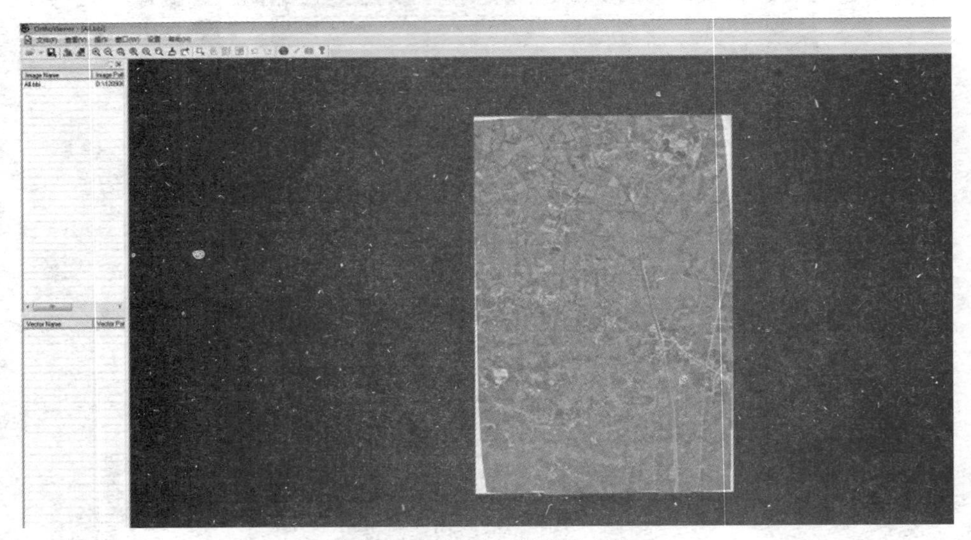

图 6-40　打开正射影像文件

参数设置

原始影像目录 ...

纠正影像目录 ...

参考DEM路径 ...

正射影像修补参数

羽化宽度 10 像素

确定　取消

图 6-41　参数设置界面

③选择区域和修补。在工具栏上，点击“选择区域”按钮，并选择需要修补的影像区域。右键弹出的菜单中可选择不同的编辑方式，如图6-42所示。

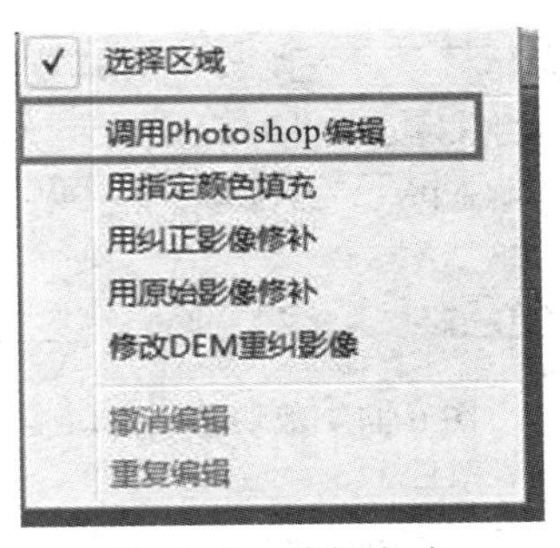

图6-42　编辑方式

调用Photoshop编辑：调用Photoshop，并将所选区域的影像在Photoshop中打开；在Photoshop中处理完毕后，保存并关闭Photoshop，在OrthoViewer中即可显示Photoshop处理结果。

用指定颜色填充：选择一种颜色，将该区域内的影像全部用该颜色填充覆盖原来的影像。

用纠正影像修补：在设置的参考影像中选取一张，取这张影像对应该区域的纠正影像来替换该区域的影像。

用原始影像修补：在设置的参考影像中选取一张，取这张影像对应该区域的原始影像来替换该区域的影像。

④正射影像分幅输出。点击“设置”→“分幅设置”，弹出分幅设置窗口，如图6-43所示。

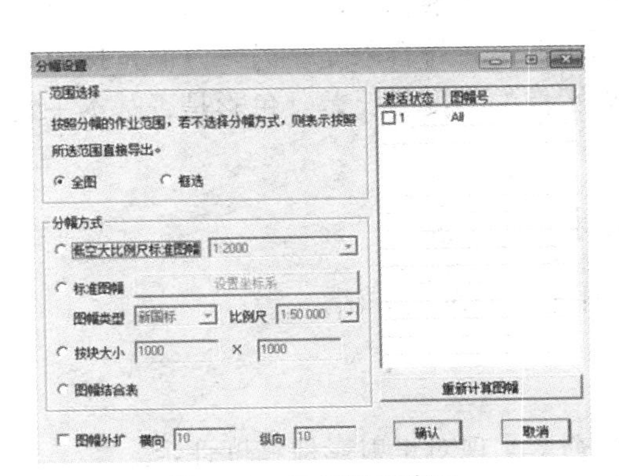

图6-43　分幅设置窗口

在分幅设置窗口中，设置范围选择、分幅方式及比例尺等，点击“确认”。在菜单栏中，点击“设置”→“执行裁切”，弹出裁切设置窗口，如图6-44所示。

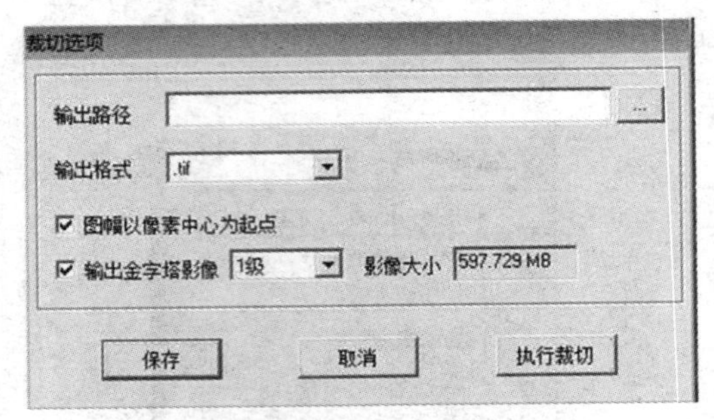

图 6-44　裁切选项窗口

在裁切设置窗口中，根据需求，设置好输出路径、输出格式等设置，点击“执行裁切”，完成正射影像的分幅输出。

6.3　正射影像的质量检查实习

正射影像的成图检查主要有正射影像精度检查、影像质量及接边检查等。正射影像精度检查主要是指几何精度检查，常用的方法有：(1)利用已知点检测；(2)与等高线或线划地图套合进行检查；(3)对每个立体分别由左影像和右影像制作同一地区的两幅正射影像，然后量测两幅正射影像上同名点的视差进行检查[1]。

影像质量检查一般采用目视检查，图幅内应具备以下特点，反差适中，色调均匀，纹理清楚，层次丰富，无明显失真、偏色现象，无明显镶嵌接缝及调整痕迹，无因影像缺损(纹理不清、噪音、影像模糊、影像扭曲、错开、裂缝、漏洞、污点划痕等)而造成无法判读影像信息和精度的损失[2]。

接边检查一方面是精度检查，取相邻两数字正射影像图重叠区域处同名点，读取同名点的坐标，检查同名点的较差是否符合限差。另一方面是接边处影像检查，目视检测相邻数字正射影像图幅接边处影像的亮度、反差、色彩是否基本一致，是否无明显失真、偏色现象[2]。

6.3.1　实习目的和要求

理解 DOM 质量精度评定的原理、方法。

6.3.2　实习内容

通过对控制点量测检查，实现对正射影像精度评定。

6.3.3　实习指导

在 DPGridEDU 主界面上，单击“DOM 生产”→“正射质检”，如图 6-45 所示，正射质检通过引入控制点进行精度检测。具体过程如下：

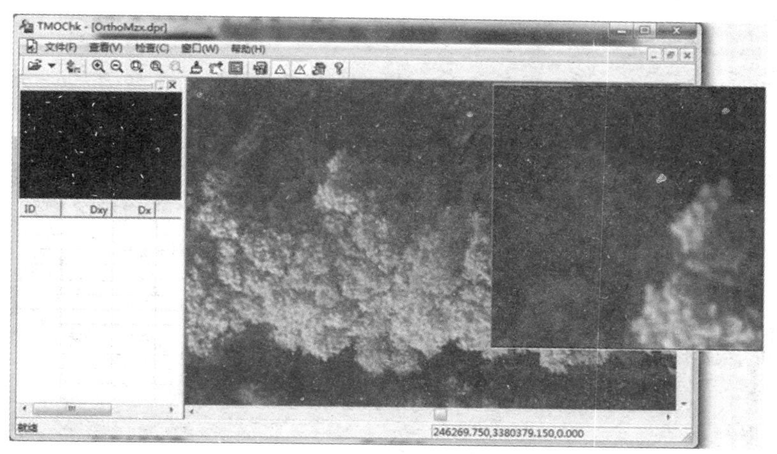

图 6-45 正射质检界面

1. 引入控制点

单击“文件”→“导入控制点”，指定控制点文件及点位图路径，单击“确定”，控制点列表中显示已导入控制点，界面中根据控制点坐标自动匹配位置，如图 6-46 所示。

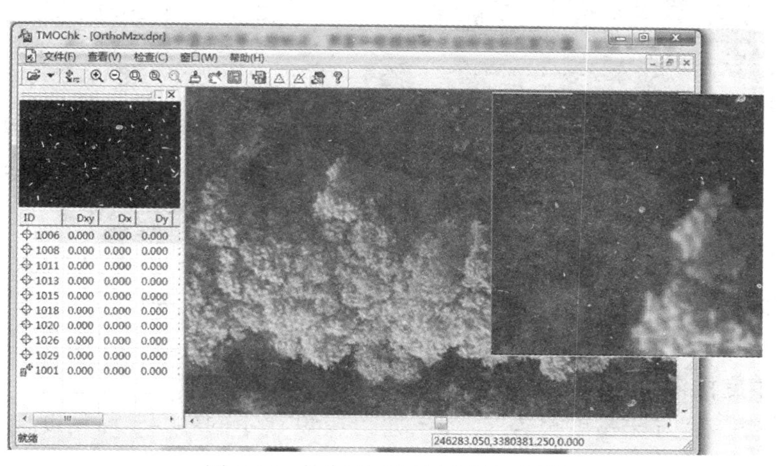

图 6-46 控制点和影像位置显示图

2. 量测控制点

在窗口左侧边栏控制点列表中，双击一个点号标记为⊕的控制点，在界面右上的小窗口中会出现放大后的控制点点位，如图 6-47 所示。

在小窗口中，单击鼠标左键，调整十字丝光标的位置，使十字丝光标的中心与该控制点的实际位置相符，控制点列表中会显示当前点位的误差值，按照此方法对所有控制点进行量测，结果如图 6-48 所示。

图 6-47　控制点点位放大图

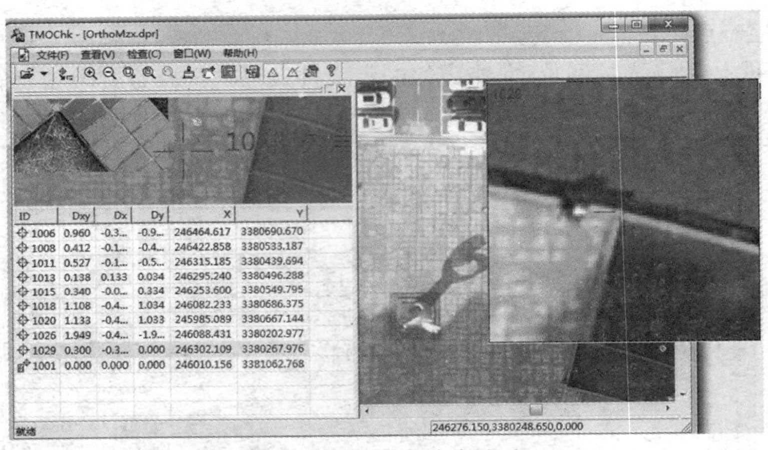

图 6-48　控制点精确量测

3. 导出精度报告

单击“检查”→“导出精度报告”，弹出如图 6-49 所示的界面，将精度报告导出即可。

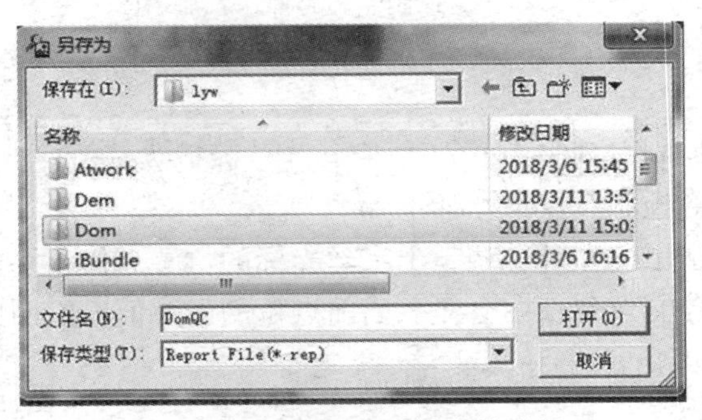

图 6-49　精度报告文件存放路径

◎ **参考文献：**

[1]张剑清，潘励，王树根．摄影测量学(第二版)[M]．武汉：武汉大学出版社，2017.
[2]段延松. 数字摄影测量 4D 生产综合实习教程[M]．武汉：武汉大学出版社，2017.

第 7 章　数字线划图

7.1　数字线划图及制作方法[1]

数字线划地图(Digital Line Graphic，简称 DLG)是与现有线划图基本一致的各地图要素的矢量数据集，且保存各要素间的空间关系和相关的属性信息，可满足各种空间分析要求，可随机地进行数据选取和显示，与其他信息叠加，进行空间分析、决策。数字线划地图的制作方法主要包括：

(1)数字摄影测量的三维跟踪立体测图。目前，国产的数字摄影测量软件 VirtuoZo 系统和 JX-4 系统都具有相应的矢量图系统，而且它们的精度指标都较高。

(2)解析或机助数字化测图。这种方法是在解析测图仪或模拟器上对航片和高分辨率卫片进行立体测图，来获得 DLG 数据。用这种方法还需使用 GIS 或 CAD 等图形处理软件，对获得的数据进行编辑，最终产生成果数据。

(3)对现有的地形图扫描，人机交互将其要素矢量化。目前主要常用国内外 GIS 和 CAD 软件对扫描影像进行矢量化后输入系统。

(4)野外实测地图。

7.2　DLG 数据的采集

随着数字摄影测量工作站(DPW)的推广应用，人们渐渐放弃了购买昂贵的解析测图仪或改造模拟测图仪，而利用 DPW 进行数字测图。DPW 直接利用计算机的显示器进行影像的立体观测。当然，除了对计算机的图形显示频率有一定的要求之外，还需要添加一些设备(偏振光或闪闭式立体眼镜和发射器等)。此外，通常还配有测量控制装置，如手轮和脚盘、鼠标、三维鼠标等。

数据采集前提是影像已经完成定向，包括内定向、相对定向和绝对定向，测绘地物应根据立体模型判读采集，测标中心应始终切准地物外轮廓和定位点，依比例尺的地物应切准地物的外轮廓，半依比例尺的地物应切准地物的中心线。地物采集时，要依分类代码采集，例如一种 4 位数按类别编码的设计如表 7-1 所示。每一码的第一位数字表示十大类别；第二、三两位为地物序号，即每一类可容纳 100 种地物；第四位为地物细目号，如 0010 表示地图图式(1∶500，1∶1000，1∶2000)中的地貌和土质类的等高线中的首曲线。

表 7-1 编 码 表

物类	序	地物名	序	细目	号	图式号
	0~9		00~99		0~9	
地貌和土质	0	等高线	01	首曲 计曲 间曲	0 1 2	10. 1. a 10. 1. b 10. 1. c
		示坡线	02		0	10. 2
		高程点	03		0	10. 3
		独立石	04	非比例 比例	0 1	10. 4. b 10. 4. a
		石堆	05	非比例 比例	0 1	10. 5. b 10. 5. a

矢量数据采集常用工具与算法:

(1)封闭地物的自动闭合。对于一些封闭地物，如湖泊，其终点与首点是同一点，应提供封闭(即自动闭合)的功能。

(2)角点的自动增补。直角房屋的最后一个角点可通过计算获取，而不必进行量测，设房屋共有 n 个角点，p_1，$p_2 \cdots p_{n-1}$，p_n， 在作业中只须量测 $n-1$ 个点，点 P_n 可自动增补。

(3)遮盖房角的量测。当房屋的某一角被其他物体(例如树)遮蔽无法直接量测时，可在其两边上测 3 点，然后计算出交点。

(4)公共边。若两个(或两个以上)地物有公共的边，则公共边上的每一点应当只有唯一的坐标，因而公共边只应当量测一次。

(5)直角化处理。由于测量误差，使得某些本来垂直的直线段互相不垂直。此时可利用垂直条件，对其坐标进行平差，求得改正数，以解算的坐标值代替人工量测的坐标值。

(6)平行化处理。对于平行线组成的地物(如高速公路)，可以通过采集单边线后指定宽度，自动完成平行边的采集。

(7)Snap 功能。模型之间的接边及相邻物体有公共边或点的情况，均要用到吻接(Snap 或 Pick)功能，避免出现模型之间“线头”的交错，或者本应重合的点不重合。

(8)复制(拷贝)。在平坦地区，对形状完全相同的地物(如房屋)，可在量测其中一个之后，进行复制。

7.3 DLG 数据的入库和出版

数据采集后要进行入库和出版，由于测图的矢量数据应用了属性码等各种描述对象的特性与空间关系的信息码，因而较容易输至一定的数据库，这需要根据数据库的数据格式要求，作适当的数据转换，这个工作一般称为入库。测图矢量数据输出的一个重要方面是将所获取的数字地图以传统的方式展绘在图纸上(或屏幕上)。测图矢量数据在输出时需要加上图式符号，才能比较形象地表示地物类别，下面介绍点符号和线面符号以及文字注记的图示化原理。

1. 点状符

点状符号主要是指地图上不按比例尺变化，具有确切定位点的符号，也包括组合符号中重复出现的简单图案。由于各种符号在绘图时要反复使用，因而应将它们数字化后存储起来，构成符号库，以便随时取用。

(1)点状符号数字化

通常以图形的对称中心或底部中心为原点，建立符号的局部平面直角坐标系。采用两种方式集成数据：一种是直接信息法，由人工将符号的特征点在局部坐标系里的坐标序列记入磁盘，这种方式占用较多的磁盘空间，但比较节省编程工作量和内存，用于具有多边形或非规则曲线轮廓的符号。另一种是间接信息法，由人工准备少量的数据(如圆弧图素的参数、半径、圆心坐标、圆弧起止半径的方位角值等)。绘图输出时，轮廓点坐标由计算机程序从间接信息及时解算出来，这种方法需要的程序量和内存量都较第一种方法大，而对外存空间的需要则大大减少。

(2)点状符号库数据结构

点状符号库由数据表与索引表组成，可以随机存取。每一个符号的数据按采集顺序(也是绘图顺序)集中在一起存放，其第一行的行序号记入索引表，即检索首指针。索引表的每一行与一个独立符号相对应，包括检索首指针，该符号的数据个数(即数据表中的行数)，或最后一个数据在数据表中的行数以及其他信息，如符号外切矩形的尺寸等。数据表的每一行主要是点的坐标及该点与前一点的连接码，若是圆弧，则还有有关的参数及圆弧的标志，此时可能分两行甚至三行才能存放得下，如图 7-1 所示。

索引表

属性码	rP	nP	W	H
0000	1	n_1		
0001	n_1+1	n_2-n_1		
0002	n_2+1	n_3-n_2		
•	•	•		
•	•	•		
•	•	•		
•	•	•		
1010	n_3+1	n_4-n_3		
	•	•		
	⋮	⋮		

rP——检索首指针

nP——点数

W——宽

H——高

数据表

序号	x	y	c
1	x_1	y_1	1
2	x_2	y_2	2
⋮	⋮	⋮	⋮
n_1	x_{n_1}	y_{n_1}	2
n_1+1	x_{n_1+1}	y_{n_1+1}	1
n_1+2	x_{n_1+2}	y_{n_1+2}	2
⋮	⋮	⋮	⋮
n_2	x_{n_2+1}	y_{n_2}	2
n_2+1	x_{n_2+2}	y_{n_2+1}	1
n_2+2	x_{n_2}	y_{n_2+2}	2
⋮	⋮	⋮	⋮
n_3	x_{n_3}	y_{n_3}	2
n_3+1	x_{n_3+1}	y_{n_3+1}	1
⋮	⋮	⋮	⋮

c——连接码

图 7-1　符号库数据组织结构

（3）点状符号的绘制

根据地物的顺序号，从数字地图坐标表中取出该独立符号的位置（即坐标），换算成绘图坐标(x_0，y_0)，再根据地物属性码，从点符号索引文件中取出检索首指针，即该符号数据在数据表中的行号。从数据表中取出该符号的所有数据。设其坐标为(x_i，y_i)，$i=1$，2，…，n，将其转换为绘图坐标(x_0+x_i，y_0+y_i)，根据连接码依次将各点用直线连接或不连接，遇到圆弧则调用绘圆弧指令或子程序。

2. 线状符号与面状符号

除了点状符号外，地图中大量存在的是各种线状符号及由线状边界与重复多次的独立符号组成的面状符号。为了绘制这些符号，应建立符号库，而点状符号库仅是符号库的一个子库。

（1）符号库

符号库的建立可有两种方式。一种是早期使用较多的子程序库，即对每一符号编制一个子程序，全部符号子程序构成一个程序库。另一种是由绘图命令串与命令解释执行程序组成。命令串中包含有一系列绘图命令及参数，也包含从点状符号库中提取需要的符号的信息。每一符号的数据连续存放，也由一个索引表对其进行检索，其方式与点符号库相似。例如，一个铁路的符号命令参数串可设计为：绘曲线；绘平行线，宽度；分段，间隔；垂线，长度；填充。其中分号为命令分隔符，逗号为命令与参数及参数与参数之间的分隔符。一个松林区的符号可设计为：绘曲线；点状符号填充，松树独立符号，间隔。

（2）线状符号与面状符号的绘制

根据地物的属性码，从符号库中取出绘图命令串，填入相应的参数，依次执行命令串中规定的操作。当要给的符号是铁路时，依上一段所述的命令串，第一步执行绘曲线的命令，从坐标表中取出该地物的所有坐标，进行曲线拟合绘出光滑曲线；然后根据所给的宽度绘出其平行线；再根据所给的间隔将其分段；然后在分段的各节点处绘出所给长度（等于平行线宽度）的垂线；最后每隔一段填黑，就完成了铁路符号的绘制。若要绘制一松林区，取出上述松林区的绘图命令串，给出间隔参数。首先取出边界的各点坐标进行曲线拟合，然后从点符号库中取出松树的符号，按所给间隔，利用前面所述符号填充算法将松树符号均匀地绘在该边界线内。从以上过程可知，符号绘制的命令解释执行子程序是由若干绘图功能子程序组成的，每一绘图功能子程序与一个绘图命令相对应。主程序通过调用符号命令解释执行子程序来完成符号的绘制任务。

3. 文字注记

在绘制每一地物时，由属性码表中注记检索首指针查看是否有文字注记。若有注记，则取出注记信息，包括应注记的字符（数字与文字），按绘制独立符号的方法绘出字符。在绘制该地物的其他部分时，要进行该注记窗口内裁剪；在绘制相邻地物时，也应进行该注记窗口内裁剪。数字地图的裁剪包括两方面的内容，一方面是所有图形必须绘在某一窗口（如图廓）之内，而不应超出窗口之外；另一方面是一定范围的区域不允许一部分图形被绘出，如不允许任何图形穿过注记及等高线不能穿过房屋等。

本教程采用 DPGridEdu 软件中的 DLG 生成模块，具体的流程如图 7-2 所示。

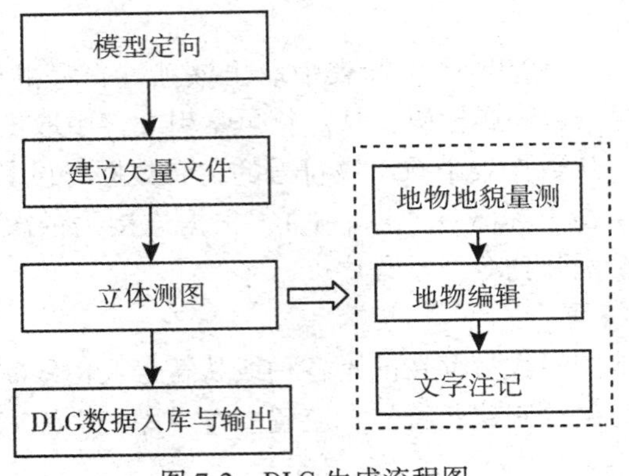

图 7-2　DLG 生成流程图

7.4　地物和地貌数据采集实习

7.4.1　实习目的和要求

1. 掌握立体切准的专业技能；
2. 掌握典型地物量测的方法；
3. 能够对量测地物进行编辑和文字注记。

7.4.2　实习内容

1. 立体观察量测特征线、等高线、流水线等地貌要素，建筑、道路、植被、地类等地物要素；

2. 文字注记、独立点高程量测。

7.4.3　实习指导

在 DPGridEdu 主界面下，单击“DLG 生产”→“立体测图”，进入 DPDraw 界面，如图 7-3 所示。

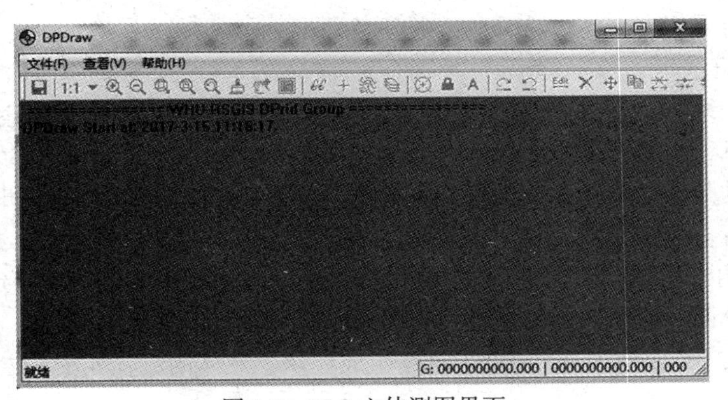

图 7-3　DLG 立体测图界面

1. 新建矢量文件

单击“文件”→“新建”，进入设置图幅参数界面，如图 7-4 所示，选择成果比例尺，单击“保存”，指定矢量文件保存路径及名称，矢量文件标准格式为“ * . dpv”，如图 7-5 所示。

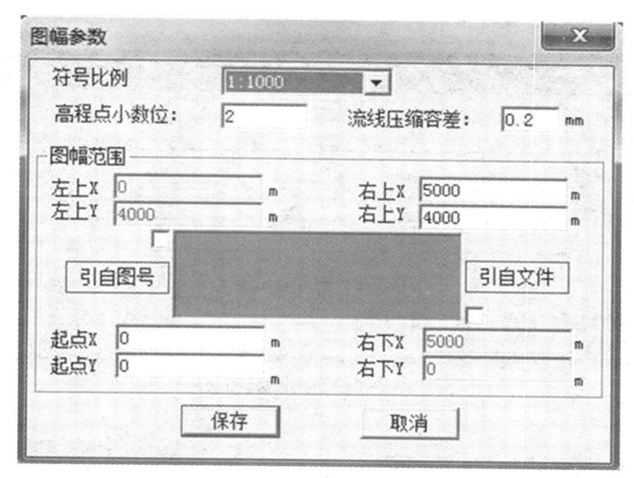

图 7-4　设置图幅参数界面

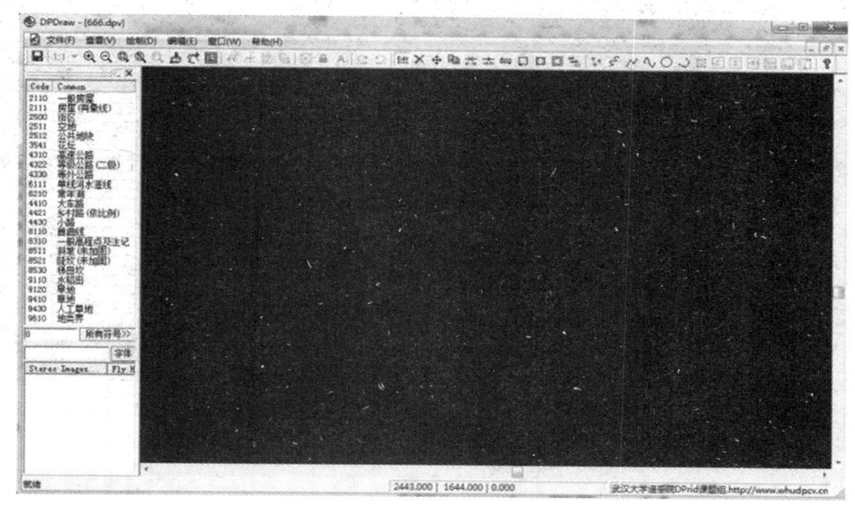

图 7-5　新建矢量文件

符号比例：设置成图比例尺。

高程点小数位：设置显示高程值的小数保留位。

流线压缩容差：设置流曲线点的数据压缩比例。设置的数值越大，最后的保留点位越少，最大数值不能超过 1。

图幅范围：左上 X、左上 Y、右上 X、右上 Y、起点 X、起点 Y、右下 X、右下 Y。

引自图号：引入地图图幅编号，从而确定坐标范围。

引自文件：老矢量图，坐标范围。

2. 载入立体模型

单击“文件”→“载入立体像对”，软件弹出如图 7-6 所示界面，指定立体像对的左右影像，设置航高或地面高后，单击“确认”，系统会自动打开该模型，如图 7-7 所示。

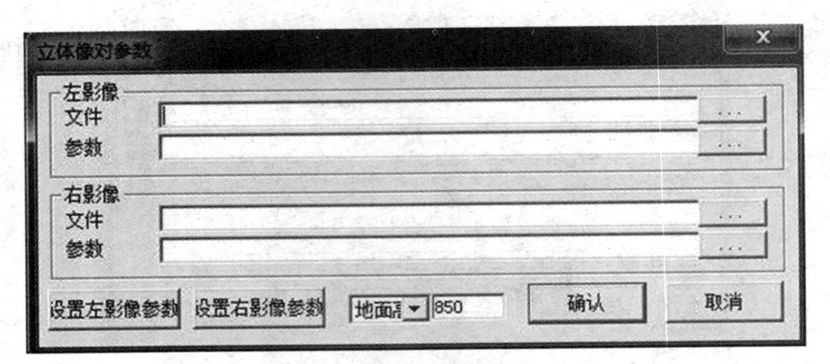

图 7-6　立体像对参数设置

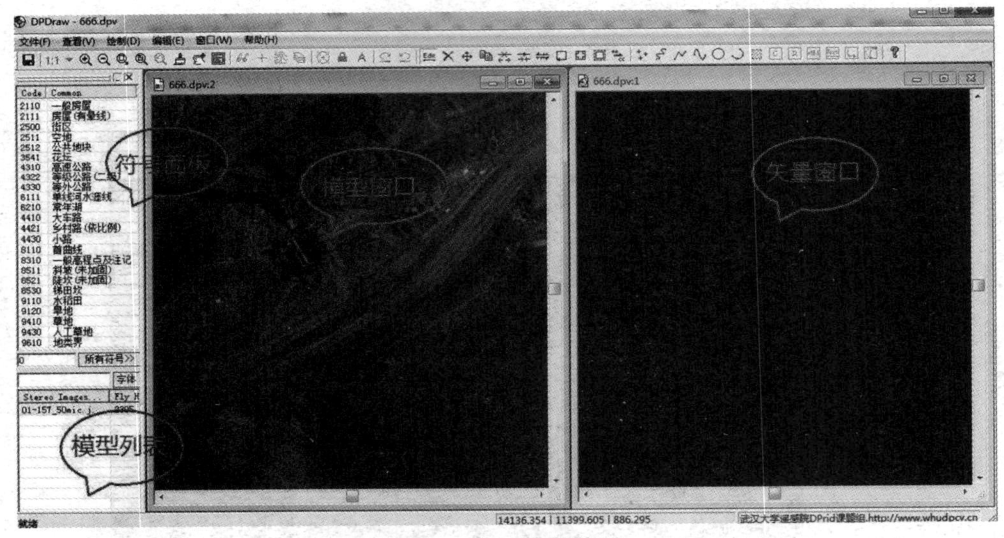

图 7-7　打开立体模型

3. 地物地貌量测

在进行采集前，需要先选择待采集的地物或地貌的类别，共有三种方式进行选择：

(1) 在符号面板中选择

进入到 DPDraw 模块时，符号面板中包含了常用的一些符号，单击符号进行选择，采集即可。

(2) 在符号库中选择

当符号面板中没有想要采集的类别时，可在符号库中进行选择。

单击 DPDraw 界面下符号面板中所有符号>>，调用符号库，如图 7-8 所示，符号库中将所有地物地貌分为了九大类，分别是控制、居民、工业、交通、管线、水系、界线、地貌、植被。

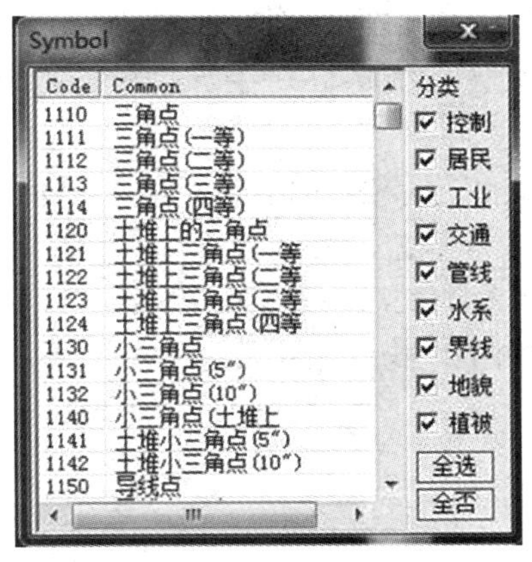

图 7-8　分类符号库

只勾选需要采集的类别，在左侧列表中找到对应的符号，双击进行选择，关闭符号库进行采集即可，选中的符号也添加到了符号面板中，方便下次查找。

(3)输入地物特征码

当用户熟悉了 DPDraw 后，可以使用该方式进行符号选择。在符号面板下的输入地物特征码栏中输入待量测地物的特征码，如图 7-9 所示，即可进行采集。

图 7-9　地物特征码输入

进入到量测状态

有两种方式可进入量测状态：

a. 单击鼠标右键，在编辑状态和量测状态之间切换。

b. 使用工具 Edit 进行状态切换。

选择线型和辅助测图功能

地物特征码选定后，可进行线型选择和辅助测图功能的选择。

a. 选择线型。

DPDraw 根据符号的形状，将之分为八种类型(统称为线型)，分别是点、直线、曲线、流线、圆、圆弧、隐藏线、直角化。在绘制工具栏中有这八种类型的图标，其含义说明如下：选择了一种地物特征码以后，系统会自动将该特征码所对应符号的线型设置为缺省线型(定义符号时已确定)，表现为绘制工具栏中相应的线型图标处于按下状态，同时该符号可以采用的线型的图标被激活(定义符号时已确定)。在量测前，用户可选择其中任意一种线型开始量测，在量测过程中用户还可以通过使用快捷键切换来改变线型，以便使用各种线型的符号来表示一个地物。

b. 选择辅助测图功能。

系统提供的辅助测图功能，可使地物量测更加方便。可通过绘制菜单、快捷键或绘制工具栏图标来启动或关闭辅助测图功能。具体说明如下：

C 自动闭合：启动该功能，系统将自动在所测地物的起点与终点之间连线，自动闭合该地物。

R 自动直角化与补点：对于房屋等拐角为直角的地物，启动直角化功能，可对所测点的平面坐标按直角化条件进行平差，得到标准的直角图形。对于满足直角化条件的地物，启动自动补点功能，可不量测最后一点，而由系统自动按正交条件进行增补。举例说明：如图 7-10 所示，用户量测了地物的边 1 和边 n 后，系统将自动补测最后一个点，并绘制出边 $n+1$ 和边 $n+2$。

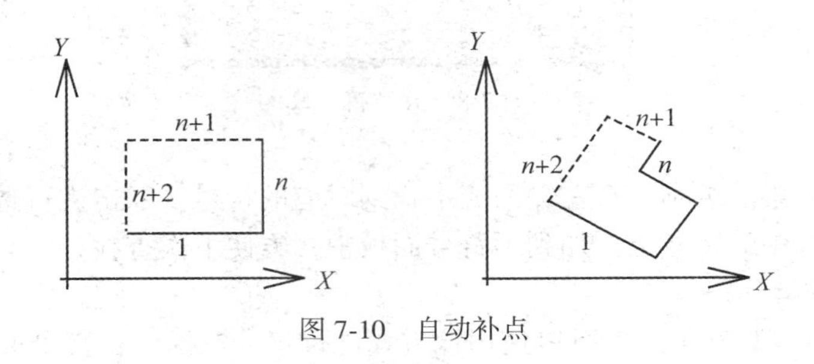

图 7-10　自动补点

4. 常用测图方法

(1) 基本量测方法

a. 在影像窗口中进行地物量测；

b. 用户通过立体眼镜(或反光立体镜)对需量测的地物进行观测，用鼠标或键盘上的 F7/F8 移动影像并调整测标；

c. 切准某点后，单击鼠标左键记录当前点；

d. 单击鼠标右键结束量测；

e. 在量测过程中，可随时选择其他的线型或辅助测图功能；

f. 在量测过程中，可随时按 Esc 键取消当前的测图命令等；

g. 如果量错了某点，可以按键盘上的 BackSpace 键，删除该点，并将前一点作为当前点。

(2) 不同线型的量测

a. 单点

单击鼠标左键记录单点。

b. 折线

单击折线图标，鼠标左键单击可依次记录每个节点，单击鼠标右键结束当前折线的量测。当折线符号一侧有短齿线等附加线划时，应注意量测方向，一般附加线划沿量测前进方向绘于折线的右侧。

c. 曲线

单击曲线图标，鼠标左键单击可依次记录每个曲率变化点，单击鼠标右键结束当前曲线的量测。

d. 流线

单击手画线图标，鼠标左键单击开始记录，拖动鼠标跟踪地物量测，最后单击右键记录终点。以该方式采集数据时，系统使用数据流模式记录量测的数据，即操作者跟踪地物进行量测，系统连续不断记录流式数据。

e. 圆

单击圆图标，然后在圆上量测三个单点，单击鼠标右键结束，如图 7-11 所示。

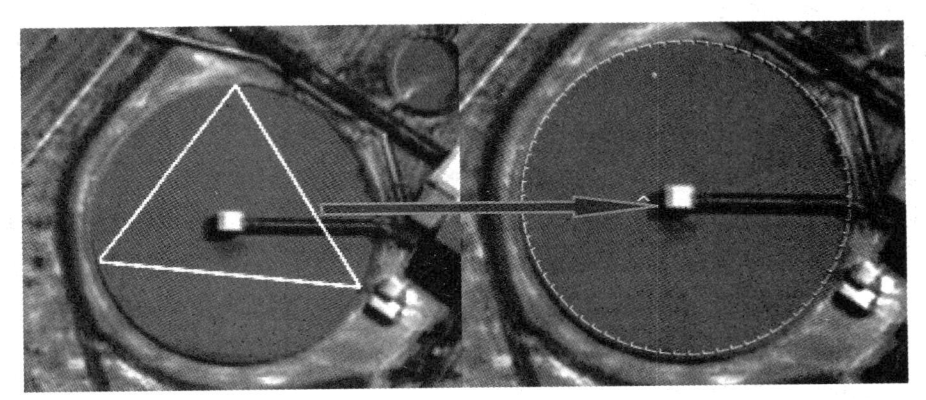

图 7-11　圆量测

f. 圆弧

单击圆弧图标，然后按顺序量测圆弧的起点、圆弧上的一点和圆弧的终点，单击鼠标右键结束。

(3)多种线型组合量测

对于多线型组合而成的地物图形，在量测过程中应根据地物形状的变化，分别选择合适的线型进行量测。下面举例说明如何进行多线型组合量测地物，图 7-12 就是一个圆弧与折线组合的例子。

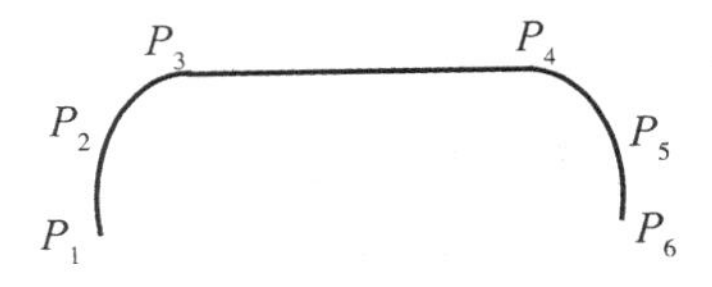

图 7-12　多线型组合量测

该图形是由弧线段 P_1P_3、折线段 P_3P_4 和弧线段 P_4P_6 组成的，其中，点 P_1、P_2、P_3、P_4、P_5 和 P_6 需要进行量测。具体量测步骤如下：

a. 首先在工具栏上单击圆弧图标，量测点 P_1、P_2和 P_3。

b. 再到工具栏上单击折线图标，量测点 P_4。

c. 再到工具栏上单击圆弧图标，量测点 P_5和 P_6。

d. 最后单击鼠标右键结束，完成整个地物的量测。

(4)道路量测

在符号库中选择道路的特征码。右键切换到量测状态，用户可根据实际情况选择线型，如曲线和流线等，即可进行道路的量测。

a. 双线道路的半自动量测

沿着道路的某一边量测完后，单击鼠标右键结束单侧量测，将测标移动到道路的另一边上，然后单击鼠标左键，系统会自动计算路宽，并在路的另一边显示出平行线。

b. 单线道路的量测

沿着道路中线测完后，单击鼠标右键结束，即可显示该道路。

(5)房屋量测

在符号库中选择房屋的类别，缺省情况下系统会自动激活折线图标、自动直角化图标及自动闭合图标。用户可根据实际情况选择不同的线型来测量不同形状的房屋(可选线型主要有折线、弧线、样条曲线、手画线、圆和隐藏线)。一次只能选择一种线型(按下其中一种线型图标后，其他的线型图标将自动弹起)。用户也可根据实际情况选择是否启动自动直角化功能和自动闭合功能(按下图标为启动，否则为关闭)。激活立体影像显示窗口，鼠标右键切换量测状态，即可开始测量房屋。

a. 平顶直角房屋的量测

移动鼠标至房屋某顶点处，按住键盘上的 Shift 键不放，左右移动鼠标，切准该点高程，松开 Shift 键。单击鼠标左键，即采集了第一点。沿房屋的某边移动鼠标至第二、第三两个顶点，单击鼠标左键采集第二、三点。单击鼠标右键结束该房屋的量测，程序会自动作直角化和闭合处理。

b. 人字型房屋的量测

移动鼠标至该房屋某顶点处，按住键盘 Shift 键不放，左右移动鼠标，切准该点的高程，然后松开 Shift 键。

单击鼠标左键，即采集第一点。沿着屋脊方向移动测标使之对准第二顶点，单击鼠标左键采集第二点。沿着垂直屋脊方向移动测标使之对准第三个顶点，单击鼠标左键采集第三点。然后单击鼠标右键结束，程序会自动匹配当前房屋的其他角点及屋脊线上的点。

c. 有天井的特殊房屋的量测

量测有天井的特殊房屋的具体操作步骤如下：

根据房屋的形状选择合适的线型，包括折线、曲线或手画线。关闭自动闭合功能。用鼠标单击自动闭合图标，使之处于弹起状态。移动鼠标至房屋的某个顶点处，切准该点高程，然后单击左键采集第一个顶点。沿着房屋的外边缘依次采集相应的顶点。最后回到第一个顶点处，用鼠标单击图标，开始采集隐藏线。移动鼠标至房屋内边缘的第一个顶点处，用鼠标单击图标，切换到折线采集。移动鼠标沿房屋的内边缘依次采下所有的点，回到内边缘的第一点后，左键单击。右键单击，结束该地物的量测。

5. 地物编辑

地物编辑，是对已量测的地物进行修测或修改等操作，在影像窗口或矢量图形窗口中都可进行。系统将实时记录编辑后的数据，并实时显示编辑后的图形。主要步骤如下：

(1)进入编辑状态

有两种方式可进入编辑状态：单击鼠标右键，在编辑状态和量测状态之间切换或使用工具 Edit 进行状态切换。

(2)选择待编辑地物

进入编辑状态后，可选择将要编辑的地物或该地物上的某个节点。选择地物：将光标置于要选择的地物上，单击该地物。地物被选中后，该地物上的所有节点都将以小方框显示。选择多个地物：在编辑状态下，可用鼠标左键拉框，选择框内的所有地物。取消当前选择：在没有选择节点的情况下，单击鼠标右键，可取消当前选择的地物，小方框将消失。

(3)选择所需的编辑命令

所有编辑命令都是基于当前选中地物的。因此，在对某个地物进行编辑之前，必须选中它，才能调用编辑命令。

(4)修测或修改。

6. 文字注记

在模型列表上的注记栏中输入要添加的文字，如图 7-13 所示，单击字体，进行注记参数设置，界面如图 7-14 所示，参数设置完成后，在想要添加注记的位置单击即可添加。

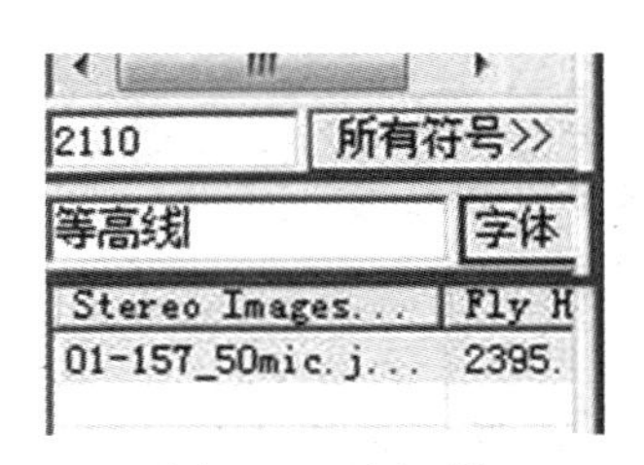

图 7-13　注记栏

图 7-14　字体设置

字大：注记字符串的字高，单位为毫米。

文字布局：文字的布局方式。

点：单点方式。该方式只需确定一个点位和一个角度，系统即沿给定的方向和点位添加注记。

多点：多点方式。该方式下需给每一个字符定义一个点位，字头朝向只能是正北。

线：直线方式。该方式下需定义两个点位，注记沿这两个点所定义的直线的方向分布，字间距由两点间线段的长度决定，每个字的朝向则是根据直线的角度来确定的。

曲线：任意线方式。该方式利用若干个点位来确定一个样条曲线，注记沿该曲线分布，每个字的朝向由样条上该点的切线来确定。

旋转角：注记是否旋转，以正北方向为 0。

字头方向：字头朝向。

字头朝北：字头朝正北。

平行方式：字头与定位线平行。

垂直方式：字头与定位线垂直。

耸肩角：设定文字是否耸肩，主要用于表示山脉注记。

耸肩方向：设定耸肩角方向有左耸、右耸、上耸、下耸四种表现形式。

字体颜色：定义注记的颜色。

确认：保存当前设置。

7.5　数字线划地图的出版实习

7.5.1　实习目的与要求

了解数字线划图出版的内容与流程。

7.5.2　实习内容

按出版要求对数字线划图进行修编、输出图片文件。

7.5.3　实习指导

立体测图所获得的数据先要转为 CAD 的 DXF 格式，然后利用 ArcGIS 的转换工具将数据引入到 ArcGIS 中以完成入库。整饰出版是针对测图成果进行图廓整饰的模块。在 DPGridEdu 主界面下，单击“DLG 生产”→“整饰出版”，软件进入到图廓整饰界面(DPPlot)，如图 7-15 所示。

1. 选择整饰矢量文件

单击“文件”→“打开”，弹出如图 7-16 所示的窗口，选择进行整饰的矢量，单击“打开”，系统界面如图 7-17 所示。

图 7-15　图廓整饰界面

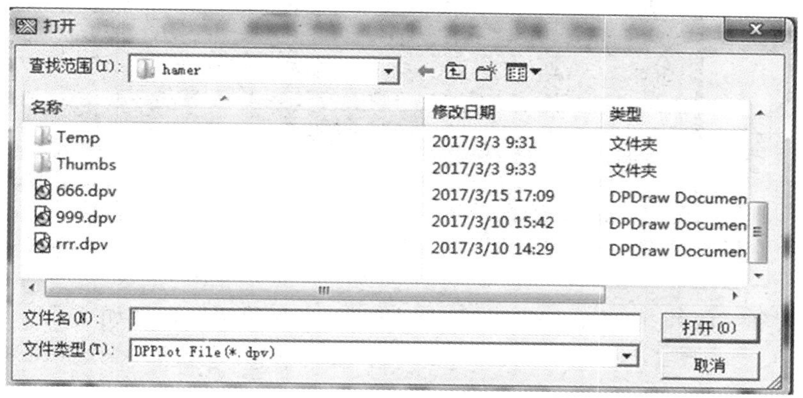

图 7-16　选择矢量文件

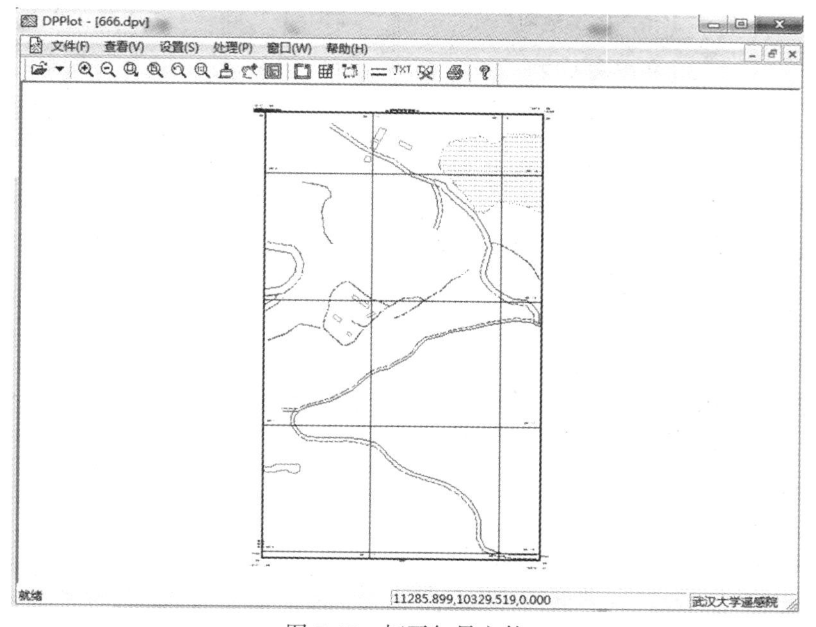

图 7-17　打开矢量文件

2. 参数设置

在 DPPlot 界面，使用设置菜单中的各个菜单项，可以设置 DLG 图的各个参数。

(1)设置图廓参数

在 DPPlot 窗口，单击“设置”→“设置图廓参数”菜单项，进入图框设置对话框，如图 7-18 所示。

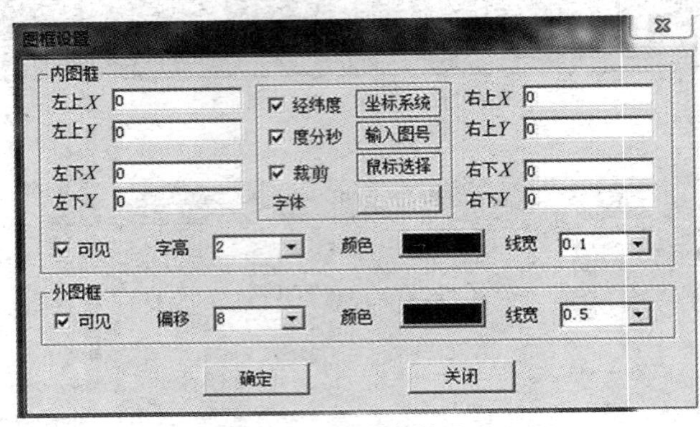

图 7-18　图廓参数设置

表 7-2 是图 7-18 中内图框八个坐标代表的意义，其他按钮意义如下：

表 7-2　内图框坐标含义

左上 X	左上角图廓 X 地面坐标	右上 X	右上角图廓 X 地面坐标
左上 Y	左上角图廓 Y 地面坐标	右上 Y	右上角图廓 Y 地面坐标
左下 X	左下角图廓 X 地面坐标	右下 X	右下角图廓 X 地面坐标
左下 Y	左下角图廓 Y 地面坐标	右下 Y	右下角图廓 Y 地面坐标

经纬度：是否输入经纬度坐标。

度分秒：经纬度坐标是否为 DD. MMSS 格式。

裁剪：是否进行裁剪处理。

坐标系统：设置影像的坐标投影系统。

输入图号：输入影像所在的标准图幅号。

鼠标选择：使用鼠标选择，在图像上自左上至右下拖框。

字体：设置坐标值在图上显示的字体。

可见(内图框)：内图框是否可见。

字高：坐标值文字的高度大小。

颜色(内图框)：设置内图框的颜色。

线宽(内图框)：设置内图框的线宽。

可见(外图框)：外图框是否可见。

偏移：外图框相对内图框的偏移。

颜色(外图框)：设置外图框的颜色。

线宽(外图框)：设置外图框的线宽。

确定：保存设定，并返回 DiPlot 界面。

关闭：取消设定，并返回 DiPlot 界面。

(2)设置格网参数

在 DiPlot 界面，单击“设置”→“设置格网参数”菜单项，进入设置方里格网参数对话框，如图 7-19 所示。

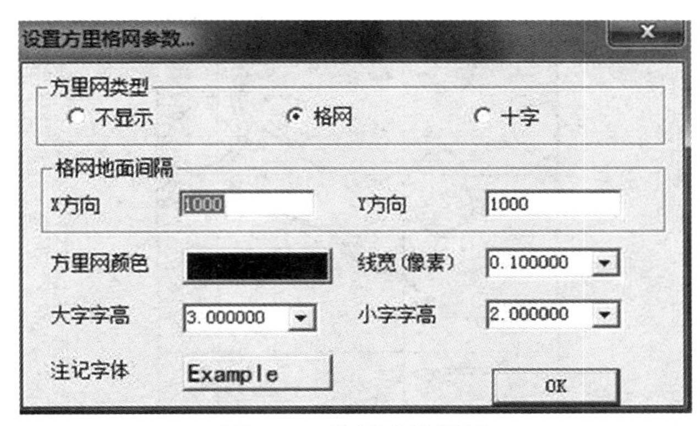

图 7-19　格网参数设置

方里网类型：设置方里格网的类显示类型，分为不显示、格网显示、十字显示三种。

格网地面间隔：设置方里格网在 X 方向和 Y 方向上的间隔，单位为米。

方里网颜色：设置方里格网的显示颜色。

线宽：设置方里格网线的宽度。

注记字体：设置注记文字的字体。

大字字高：坐标注记字百公里以下的部分的字高，单位为毫米。

小字字高：坐标注记字百公里以上的部分的字高，单位为毫米。

OK：保存设置并返回 DiPlot 界面。

(3)设置图幅信息

在 DiPlot 界面，单击“设置”→“设置图幅信息”菜单项，进入图幅信息设置对话框，如图 7-20 所示。

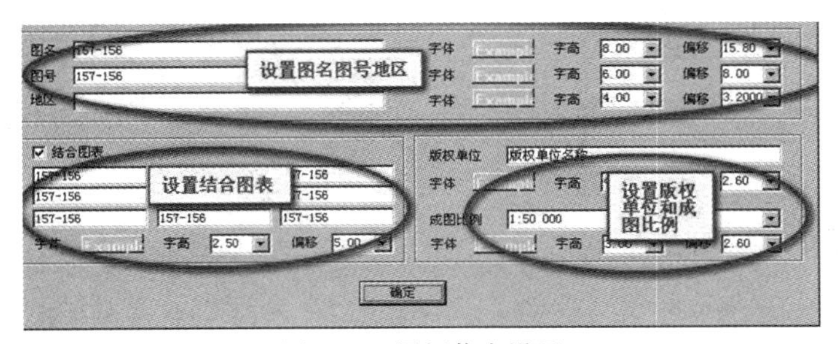

图 7-20　图幅信息设置

3. 处理流程

(1)画笔加粗

该功能可对当前界面内的所有线条进行加粗显示。单击“处理”→“画笔加粗”，结果如图 7-21 所示。

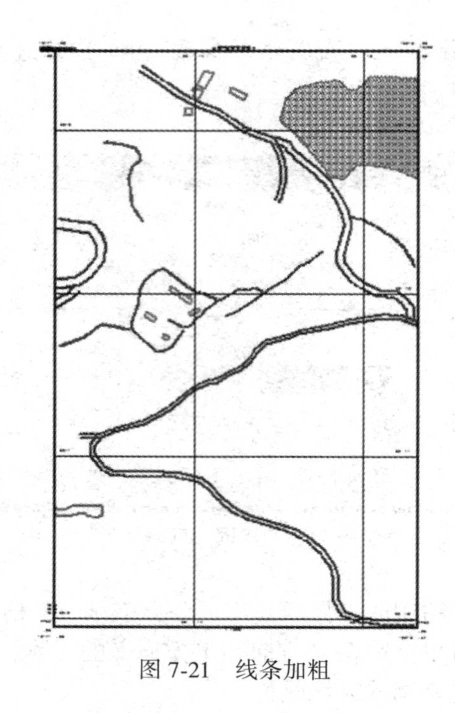

图 7-21　线条加粗

(2)添加文字

单击“处理”→“添加文字”，在想要添加文字的位置左键单击，弹出文本参数窗口，在空白栏中输入想要添加的文字，单击“Example”可进行字体参数设置，如图 7-22 和图 7-23所示，参数修改完毕后，单击“OK”即可添加。

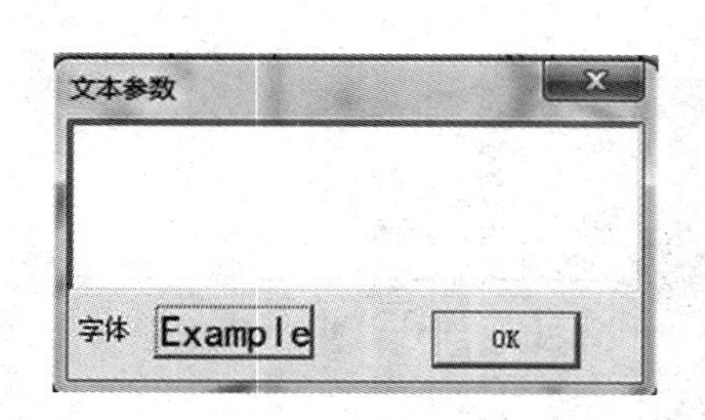

图 7-22　文本参数窗口

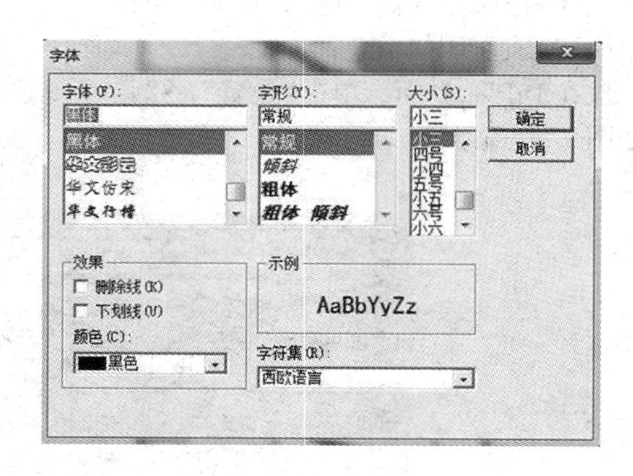

图 7-23　字体参数设置

(3)删除文字

单击“处理”→“删除文字”，选中想要删除的文字即可进行删除。

4. 输出结果

单击“处理”→“输出结果”，进入如图 7-24 所示的界面，指定成果文件名称及存储路径，单击“确定”即可进行输出。

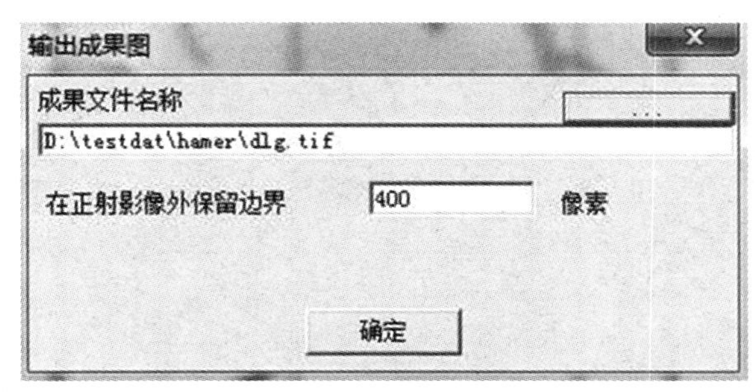

图 7-24　输出成果图

◎ 参考文献：

段延松．数字摄影测量 4D 生产综合实习教程[M]．武汉：武汉大学出版社，2014.